2022年全国水产养殖动物主要病原菌耐药性监测分析报告

农业农村部渔业渔政管理局
全国水产技术推广总站　组编

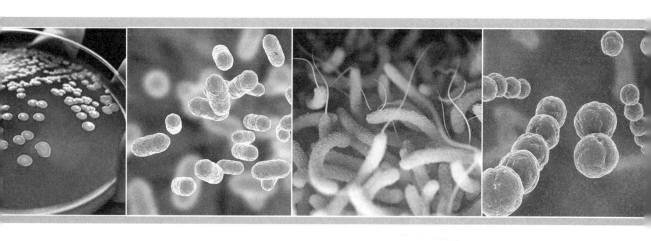

中国农业出版社
北　京

图书在版编目（CIP）数据

2022 年全国水产养殖动物主要病原菌耐药性监测分析报告 / 农业农村部渔业渔政管理局，全国水产技术推广总站组编. —北京：中国农业出版社，2023.7
  ISBN 978-7-109-31003-2

Ⅰ.①2… Ⅱ.①农… ②全… Ⅲ.①水产动物－病原细菌－抗药性－研究报告－中国－2022 Ⅳ.①S941.42

中国国家版本馆 CIP 数据核字（2023）第 150147 号

2022 年全国水产养殖动物主要病原菌耐药性监测分析报告
2022 NIAN QUANGUO SHUICHAN YANGZHI DONGWU ZHUYAO BINGYUANJUN
NAIYAOXING JIANCE FENXI BAOGAO

中国农业出版社出版
地址：北京市朝阳区麦子店街 18 号楼
邮编：100125
责任编辑：王金环　弓建芳
版式设计：杨　婧　责任校对：刘丽香
印刷：中农印务有限公司
版次：2023 年 7 月第 1 版
印次：2023 年 7 月北京第 1 次印刷
发行：新华书店北京发行所
开本：787mm×1092mm　1/16
印张：9.75
字数：202 千字
定价：58.00 元

编 辑 委 员 会

编 写 说 明

一、本报告内容起迄日期为 2022 年 1 月 1 日至 2022 年 12 月 31 日。其中，综合篇第四部分起迄日期为 2015 年 1 月 1 日至 2022 年 12 月 31 日。

二、本报告发布内容主要来自开展了水产养殖动物主要病原菌耐药监测工作的 14 个省份。

三、读者对本报告若有建议和意见，请与全国水产技术推广总站联系。

为了解和掌握水产养殖动物主要病原菌耐药性变化规律，有效遏制水产养殖动物主要病原菌耐药，不断提高水产养殖规范用药水平，保障养殖水产品质量安全，2022 年，在农业农村部渔业渔政管理局指导下，全国水产技术推广总站（以下简称"总站"）继续组织北京等 14 个省（自治区、直辖市）的水产技术推广部门（水生动物疫病预防控制机构）开展水产养殖动物主要病原菌耐药性监测工作。共采集鲤等 23 个养殖品种的主要致病菌 1 734 株，监测其对恩诺沙星、盐酸多西环素、氟苯尼考、甲砜霉素、硫酸新霉素、氟甲喹、磺胺间甲氧嘧啶钠、磺胺甲噁唑/甲氧苄啶等 8 种抗菌药物的耐药性。总站组织各地及相关专家对监测结果进行分析，编撰完成《2022 年全国水产养殖动物主要病原菌耐药性监测分析报告》。

本书分综合篇和地方篇：综合篇系统分析了全国水产养殖动物主要病原菌耐药性状况，地方篇分析了 14 个省（自治区、直辖市）的水产养殖动物主要病原菌耐药性状况。本书是全面反映我国 2022 年水产养殖动物主要病原菌耐药性状况的基础技术资料，分析了 2015—2022 年气单胞菌、弧菌和链球菌的耐药性变迁规律，对开展遏制病原菌耐药性对策研究、科学指导用药具有重要参考价值；同时充分运用药敏试验结果，为抗菌类水产养殖用兽药国家标准（制）修订积累了基础数据。

本书的出版得到了各地水产技术推广部门（水生动物疫病预防控制机构）、相关科研院所、高校以及水产养殖生产一线人员等的大力支持，在此表示诚挚的感谢！

编 者

2023 年 5 月

CONTENTS | 目录

前言

综合篇

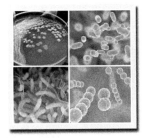

2022 年水产养殖动物主要病原菌耐药性监测综合分析报告

2022 年全国水产技术推广总站组织北京、天津、辽宁等 14 个省（自治区、直辖市）开展了水产养殖动物主要病原菌耐药性监测工作，对各地主要养殖品种，采集样品分离气单胞菌、假单胞菌、爱德华氏菌、弧菌等主要病原菌，监测其对恩诺沙星、硫酸新霉素、甲砜霉素、氟苯尼考、盐酸多西环素、氟甲喹、磺胺间甲氧嘧啶钠、磺胺甲噁唑/甲氧苄啶等 8 种抗菌药物的耐药性。

一、全国相关地区耐药性监测的病原菌种类

全年共普查了鲤、鲫、草鱼等 27 个品种，分离水产养殖动物病原菌共 1 734 株（表 1）。开展药物敏感性检测的病原菌共 1 320 株，占分离菌总数的 76.1%，其中气单胞菌 752 株（57.0%）、弧菌 262 株（19.8%）、链球菌 73 株（5.5%）、假单胞菌 75 株（5.7%）、爱德华氏菌 7 株（0.5%）以及其他菌种 151 株（11.4%）（图 1）。

表 1　2022 年全国水产养殖动物病原菌分离地区、宿主和数量

序号	监测地	样品宿主来源	分离细菌数量（株）
1	北京	金鱼、锦鲤、鲟、斑点叉尾鮰、大口黑鲈	65
2	天津	鲤、鲫	54
3	重庆	鲫、大口黑鲈	56
4	上海	鲫、南美白对虾、罗氏沼虾	57
5	辽宁	大菱鲆	202
6	河北	牙鲆、中华鳖	144
7	河南	鲤、斑点叉尾鮰、黄颡鱼、大口黑鲈	69
8	山东	大口黑鲈、克氏原螯虾	109
9	江苏	草鱼、鲫	208
10	浙江	草鱼、青鱼、鳜、大口黑鲈、黄颡鱼、锦鲤、金龙鱼、大黄鱼、海鲈、鲳、大鲵、中华鳖	251
11	湖北	鲫	204
12	福建	大黄鱼、南美白对虾、日本对虾、斑节对虾	140
13	广东	罗非鱼、大口黑鲈、黄颡鱼、乌鳢、长吻鮠	145
14	广西	罗非鱼	30
		合计	1 734

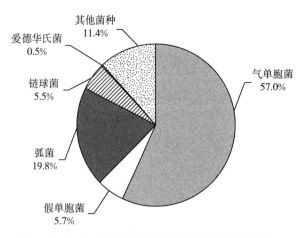

图1 2022年全国范围内耐药性监测病原菌种类分布

二、全国范围内5类病原菌对不同药物的总体耐药性比较

根据2022年监测数据，我国主要水产养殖区水产动物病原菌对恩诺沙星、硫酸新霉素、甲砜霉素、氟苯尼考、盐酸多西环素、氟甲喹、磺胺间甲氧嘧啶钠和磺胺甲噁唑/甲氧苄啶等8种国标水产用抗菌药物的敏感性差异较大（表2、表3和表4）。

总体上，假单胞菌对恩诺沙星、氟苯尼考和磺胺甲噁唑/甲氧苄啶的耐药率高于其他病原菌的，分别为20.0%、88.8%和60.0%；氟苯尼考对假单胞菌的 MIC_{50}（抑制50%细菌生长的最低药物浓度）和 MIC_{90}（抑制90%细菌生长的最低药物浓度）分别为128μg/mL和≥512μg/mL，分别为耐药折点（8μg/mL）的16倍和≥64倍。5类病原菌均对磺胺间甲氧嘧啶钠和磺胺甲噁唑/甲氧苄啶表现出较高耐药风险，其 MIC_{90} 均分别大于其耐药折点。除对磺胺类药物外，链球菌对各类药物均较敏感。

表2 2022年全国范围内5类病原菌对不同药物的耐药率比较

药物名称	气单胞菌	弧菌	爱德华氏菌	假单胞菌	链球菌
恩诺沙星	14.8%	3.8%	7.7%	20.0%	/
氟苯尼考	36.0%	38.2%	23.1%	88.0%	/
盐酸多西环素	9.3%	5.3%	23.1%	2.7%	9.6%
磺胺间甲氧嘧啶钠	29.3%	32.4%	23.1%	22.7%	/
磺胺甲噁唑/甲氧苄啶	38.4%	43.1%	15.4%	60.0%	21.9%
菌株数	752	262	7	75	73

注：气单胞菌、弧菌、爱德华氏菌和假单胞菌无氟甲喹、硫酸新霉素和甲砜霉素的耐药折点，链球菌无恩诺沙星、氟苯尼考、磺胺间甲氧嘧啶钠、氟甲喹、硫酸新霉素和甲砜霉素的耐药折点，无法计算耐药率。

表 3   2022 年全国范围内不同药物对 5 类病原菌的 MIC_{50} 比较

单位：$\mu g/mL$

药物名称	气单胞菌	弧菌	爱德华氏菌	假单胞菌	链球菌
恩诺沙星	0.25	0.125	0.125	0.5	0.5
氟苯尼考	2	2	1	128	4
盐酸多西环素	0.5	0.125	0.5	1	≤0.06
磺胺间甲氧嘧啶钠	16	32	4	256	8
磺胺甲噁唑/甲氧苄啶	9.5/0.5	9.5/0.5	2.4/0.125	76/4	4.8/0.25
硫酸新霉素	2	0.5	1	0.25	1
甲砜霉素	2	4	4	128	2
氟甲喹	1	0.5	2	4	32
菌株数	752	262	7	75	73

表 4   2022 年全国范围内不同药物对 5 类病原菌的 MIC_{90} 比较

单位：$\mu g/mL$

药物名称	气单胞菌	弧菌	爱德华氏菌	假单胞菌	链球菌
恩诺沙星	4	1	2	8	1
氟苯尼考	128	64	64	≥512	8
盐酸多西环素	8	4	16	2	≤0.06
磺胺间甲氧嘧啶钠	≥1 024	≥1 024	512	≥1 024	≥1 024
磺胺甲噁唑/甲氧苄啶	≥608/32	≥608/32	≥608/32	152/8	≥608/32
硫酸新霉素	4	4	1	0.5	16
甲砜霉素	≥512	≥512	≥512	≥512	8
氟甲喹	32	16	16	32	64
菌株数	752	262	7	75	73

从表 4 可见，气单胞菌、弧菌、假单胞菌等对氟苯尼考的 MIC_{90} 在 $64\mu g/mL$ 以上，提示我国部分地区的水产养殖动物主要病原菌按国标抗菌药物说明书标注的用量，已经达不到治疗效果；其他药物也存在类似情况。

三、不同养殖品种分离病原菌对不同药物的耐药性比较

由于受分离品种、养殖区域和用药习惯等影响，不同养殖区域、养殖品种和病原菌种类对同种药物的敏感性差异较大甚至显著。为了提高监测结果的指导性，根据现有提供的不同品种分离菌的耐药数据，分析了不同品种主要病原菌对各种监测药物的敏感性（表 5）。从大口黑鲈、牙鲆、大黄鱼分离的病原菌（分别为气单胞菌、弧菌和假单胞菌）对氟苯尼考耐药率最高，达 90%～100%。从中华鳖和克氏原螯虾分离

的气单胞菌对氟苯尼考、磺胺间甲氧嘧啶钠和磺胺甲噁唑/甲氧苄啶中等耐药，耐药率为40%～70%。从鲫、大菱鲆、南美白对虾和罗非鱼分离的病原菌对各药物的耐药率均较低，大部分在20%以下。

比较不同抗菌药物对病原菌的MIC_{50}和MIC_{90}（表6和表7）可见，磺胺间甲氧嘧啶钠和磺胺甲噁唑/甲氧苄啶对大口黑鲈、牙鲆、中华鳖、克氏原螯虾和大黄鱼分离病原菌的MIC_{50}和MIC_{90}均超过耐药折点，氟苯尼考、甲砜霉素对上述病原菌的MIC_{50}和MIC_{90}也基本高于其他品种分离病原菌的。不同养殖品种分离的病原菌对恩诺沙星、盐酸多西环素和硫酸新霉素的MIC_{50}和MIC_{90}均较低。

表5　不同品种分离病原菌对不同药物的耐药率比较

药物名称	鲫	大口黑鲈	中华鳖	克氏原螯虾	大菱鲆	牙鲆	大口黑鲈	大黄鱼	南美白对虾	大黄鱼	罗非鱼
	气单胞菌				弧菌					假单胞菌	链球菌
恩诺沙星	4.9%	0.0%	24.3%	0.0%	6.9%	0.0%	0.0%	9.1%	0.0%	40.0%	/
氟苯尼考	9.8%	90.9%	58.1%	41.9%	31.9%	91.4%	13.3%	15.2%	5.6%	100.0%	/
盐酸多西环素	1.6%	4.5%	0.0%	19.4%	4.2%	1.4%	26.7%	15.2%	0.0%	0.0%	0.0%
磺胺间甲氧嘧啶钠	8.2%	81.8%	63.5%	51.6%	6.9%	82.9%	93.3%	9.1%	5.6%	13.3%	/
磺胺甲噁唑/甲氧苄啶	21.3%	100.0%	68.9%	67.7%	19.4%	98.6%	100.0%	24.2%	5.6%	96.7%	16.7%
分离地区	湖北、上海	山东	河北	山东	辽宁	河北	山东	福建	上海	福建	广西
菌株数	61	22	74	31	72	70	15	33	18	30	30

注：气单胞菌、弧菌、爱德华氏菌和假单胞无氟甲喹、硫酸新霉素和甲砜霉素的耐药折点，链球菌无恩诺沙星、氟苯尼考、磺胺间甲氧嘧啶钠、氟甲喹、硫酸新霉素和甲砜霉素的耐药折点，无法计算耐药率。

表6　8种抗菌药物对不同养殖品种分离菌的MIC_{50}比较

单位：$\mu g/mL$

药物名称	鲫	大口黑鲈	中华鳖	克氏原螯虾	大菱鲆	牙鲆	大口黑鲈	大黄鱼	南美白对虾	大黄鱼	罗非鱼
	气单胞菌				弧菌					假单胞菌	链球菌
恩诺沙星	0.015	0.25	1	0.03	0.125	0.125	0.125	0.125	0.125	1	1
氟苯尼考	1	128	8	4	2	16	2	1	2	256	4
盐酸多西环素	0.25	2	2	0.5	0.25	0.25	1	≤0.06	0.25	1	≤0.06
磺胺间甲氧嘧啶钠	16	512	≥1 024	512	16	≥1 024	≥1 024	≤2	≤2	256	16
磺胺甲噁唑/甲氧苄啶	4.8/0.25	≥608/32	304/16	304/16	2.4/0.125	≥608/32	≥608/32	≤1.2/0.06	≤1.2/0.06	152/8	9.5/0.5
硫酸新霉素	1	2	2	0.5	0.5	0.5	2	0.5	0.5	0.25	8
甲砜霉素	2	≥512	4	8	4	≥512	≥512	2	2	128	2
氟甲喹	0.125	128	2	0.5	0.5	8	64	≤0.125	0.25	8	32
分离地区	湖北、上海	山东	河北	山东	辽宁	河北	山东	福建	上海	福建	广西
菌株数	61	22	74	31	72	70	15	33	18	30	30

表7　8种抗菌药物对不同养殖品种分离菌的 MIC_{90} 比较

单位：μg/mL

药物名称	鲫	大口黑鲈	中华鳖	克氏原螯虾	大菱鲆	牙鲆	大口黑鲈	大黄鱼	南美白对虾	大黄鱼	罗非鱼
	气单胞菌				弧菌					假单胞菌	链球菌
恩诺沙星	1	1	4	0.125	2	1	0.25	2	0.25	8	1
氟苯尼考	4	256	256	64	32	128	16	64	4	≥512	8
盐酸多西环素	1	2	8	16	4	4	64	16	0.5	2	≤0.06
磺胺间甲氧嘧啶钠	128	≥1 024	≥1 024	≥1 024	256	≥1 024	≥1 024	128	64	512	32
磺胺甲噁唑/甲氧苄啶	152/8	≥608/32	≥608/32	≥608/32	152/8	≥608/32	≥608/32	152/8	19/1	152/8	38/2
硫酸新霉素	4	8	8	4	4	4	2	2	2	0.25	16
甲砜霉素	32	≥512	≥512	256	128	≥512	≥512	256	8	256	2
氟甲喹	16	128	8	128	8	16	64	8	0.5	64	32
分离地区	湖北、上海	山东	河北	山东	辽宁	河北	山东	福建	上海	福建	广西
菌株数	61	22	74	31	72	70	15	33	18	30	30

四、气单胞菌、弧菌和链球菌对不同药物的耐药变迁分析

由于细菌对宿主的泛嗜性及其在水产环境的广布性，不同地区、不同养殖品种往往携带相同的优势病原菌。鉴于此，我们从病原角度分析了主要分离菌对不同监测药物的耐药率和MIC，以及两者的长短期变化趋势，以便为养殖种类主要病原菌的长短期控制策略的制订与药物使用提供参考。

1. 气单胞菌

耐药性监测数据（表8）显示，2015—2021 年气单胞菌对盐酸多西环素和氟苯尼考的耐药率总体呈上升趋势，但 2022 年略有下降，气单胞菌对盐酸多西环素的耐药率从 22.30%（2021 年）下降到 9.31%（2022 年），对氟苯尼考的耐药率从 40.29%（2021 年）下降到 36.04%（2022 年），可见盐酸多西环素的控制效果尤为明显。然而，2022 年气单胞菌对恩诺沙星的耐药率延续了 2021 年的上升趋势，从 12.47%（2021 年）上升到 14.76%（2022 年），耐药率虽不是很高，但仍需各方重点关注。气单胞菌对磺胺间甲氧嘧啶钠的耐药率虽然每年波动较大，但是近两年均控制在 30% 以下（图 2）。

表8　2015—2022 年气单胞菌对不同药物的耐药率比较

药物名称	2015 年	2016 年	2017 年	2018 年	2019 年	2020 年	2021 年	2022 年
盐酸多西环素	4.19%	12.50%	10.73%	19.06%	14.17%	22.08%	22.30%	9.31%
氟苯尼考	26.35%	30.03%	17.62%	26.33%	32.22%	37.01%	40.29%	36.04%
磺胺间甲氧嘧啶钠	/	50.00%	25.62%	42.50%	9.44%	43.70%	19.66%	29.26%

（续）

药物名称	2015 年	2016 年	2017 年	2018 年	2019 年	2020 年	2021 年	2022 年
恩诺沙星	13.33%	37.50%	17.46%	22.40%	19.44%	11.83%	12.47%	14.76%
磺胺甲噁唑/甲氧苄啶	/	/	/	/	/	/	31.41%	38.43%
菌株数（株）	167	315	388	509	360	482	417	752

注："/"表示无相关数据；气单胞菌无硫酸新霉素、甲砜霉素和氟甲喹的耐药折点，无法计算耐药率。

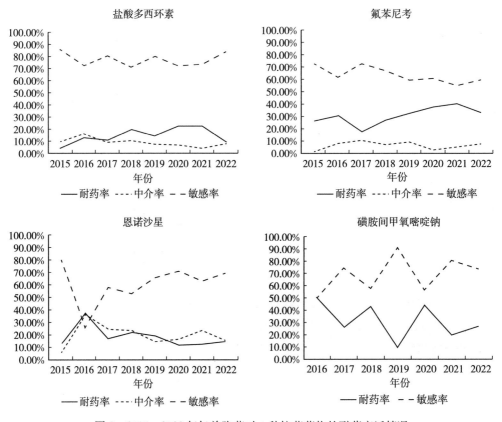

图 2　2015—2022 年气单胞菌对 4 种抗菌药物的耐药变迁情况

2015—2021 年盐酸多西环素的 MIC_{90} 呈上升趋势，但在 2022 年大幅下降，从 2021 年的 $128\mu g/mL$ 下降到 $8\mu g/mL$，而其 MIC_{50} 则一直呈下降趋势。氟苯尼考的 MIC_{50} 和 MIC_{90} 在近 3 年内变化不显著，仍需密切关注。自 2016 年开始，恩诺沙星和硫酸新霉素的 MIC_{50} 和 MIC_{90} 则总体呈下降趋势，恩诺沙星的 MIC_{90} 从 $25\mu g/mL$（2016 年）下降到 $4\mu g/mL$（2022 年），硫酸新霉素的 MIC_{90} 则从 $100\mu g/mL$（2016 年）下降到 $4\mu g/mL$（2022 年），两者长期控制效果非常显著，且显示了良好的持续性（表 9 和表 10）。相比而言，磺胺间甲氧嘧啶钠和甲砜霉素的 MIC 维持在较高水平，且 MIC_{90} 在近 3 年呈现小幅、持续上升趋势，亟须加强监测与控制（图 3）。

表 9 2015—2022 年不同药物对气单胞菌的 MIC_{50} 比较

单位：$\mu g/mL$

药物名称	2015 年	2016 年	2017 年	2018 年	2019 年	2020 年	2021 年	2022 年
盐酸多西环素	1.56	3.13	1.56	1.56	0.78	0.78	0.5	0.5
氟苯尼考	1.56	3.13	0.78	0.78	100	1.56	2	2
磺胺间甲氧嘧啶钠	/	≥200	≥200	≥200	≥200	≥200	32	16
恩诺沙星	0.39	3.13	0.78	0.78	0.39	0.39	0.5	0.25
硫酸新霉素	12.5	12.5	12.5	6.25	3.13	3.13	2	2
甲砜霉素	6.25	6.25	3.13	6.25	12.5	3.13	2	2
氟甲喹	/	/	/	/	/	/	1	1
磺胺甲噁唑/甲氧苄啶	/	/	/	/	/	/	19/1	9.5/0.5
菌株数	167	315	388	509	360	482	417	752

注："/"表示无相关数据。

表 10 2015—2022 年不同药物对气单胞菌的 MIC_{90} 比较

单位：$\mu g/mL$

药物名称	2015 年	2016 年	2017 年	2018 年	2019 年	2020 年	2021 年	2022 年
盐酸多西环素	12.5	25	25	50	50	100	128	8
氟苯尼考	50	50	25	50	≥200	≥200	128	128
磺胺间甲氧嘧啶钠	/	512	512	≥1 024	512	512	512	≥1 024
恩诺沙星	6.25	25	12.5	12.5	12.5	6.25	4	4
硫酸新霉素	100	100	50	25	25	6.25	4	4
甲砜霉素	≥200	≥200	≥200	≥200	≥200	≥200	≥512	≥512
氟甲喹	/	/	/	/	/	/	128	32
磺胺甲噁唑/甲氧苄啶	/	/	/	/	/	/	152/8	≥608/32
菌株数	167	315	388	509	360	482	417	752

注："/"表示无相关数据。

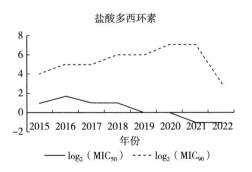

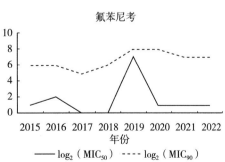

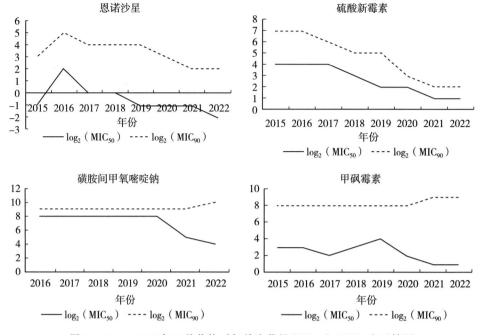

图 3 2015—2022 年 6 种药物对气单胞菌的 MIC_{50} 和 MIC_{90} 变迁情况

2. 弧菌

耐药性监测数据（表 11）显示，2015—2022 年弧菌对盐酸多西环素和恩诺沙星的耐药率总体平稳，2019—2022 年基本维持在 10% 以下，持续控制效果良好。氟苯尼考和磺胺间甲氧嘧啶钠的耐药率波动较大，但是自 2019 年以来，两者耐药率均持续控制在 40% 以下（图 4），相比于 2018 年之前效果明显（尤其是磺胺间甲氧嘧啶钠），但是两者长时间较高的耐药率以及在 2022 年出现的明显上升趋势，需要引起各方持续关注（图 4）。

表 11 2015—2022 年弧菌对不同药物的耐药率比较

药物名称	2015 年	2016 年	2017 年	2018 年	2019 年	2020 年	2021 年	2022 年
盐酸多西环素	29.46%	12.50%	1.15%	12.50%	1.16%	4.39%	6.90%	5.30%
氟苯尼考	30.36%	15.38%	27.59%	58.33%	18.60%	34.21%	24.10%	38.20%
磺胺间甲氧嘧啶钠	100.00%	100.00%	100.00%	58.33%	6.98%	22.81%	9.00%	32.40%
恩诺沙星	/	/	8.05%	16.67%	0.00%	2.63%	5.50%	3.80%
磺胺甲噁唑/甲氧苄啶	/	/	/	/	/	/	18.62%	43.13%
菌株数（株）	112	104	87	24	86	114	145	262

注："/"表示无相关数据；弧菌无硫酸新霉素、甲砜霉素和氟甲喹的耐药折点，无法计算耐药率。

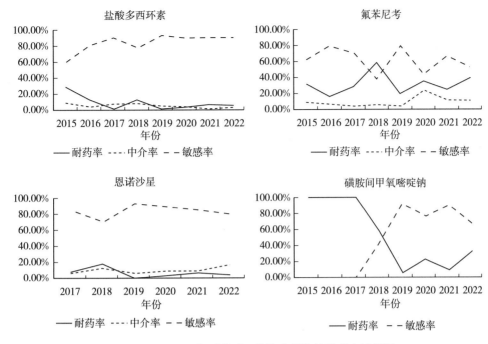

图 4　2015—2022 年弧菌对 4 种抗菌药物的耐药变迁情况

盐酸多西环素、恩诺沙星、硫酸新霉素的 MIC_{50} 和 MIC_{90} 总体呈下降趋势。三者的 MIC_{90} 近 3 年趋于平缓，盐酸多西环素的 MIC_{90} 维持在 $4\mu g/mL$，恩诺沙星的 MIC_{90} 维持在 $1\sim2\mu g/mL$，硫酸新霉素的 MIC_{90} 维持在 $2\sim4\mu g/mL$。氟苯尼考的 MIC_{90} 近 4 年维持在 $64\mu g/mL$（为氟苯尼考耐药折点的 8 倍），见表 12 和表 13。磺胺间甲氧嘧啶钠和甲砜霉素的 MIC_{90} 总体呈上升趋势（图 5）。

表 12　2015—2022 年不同药物对弧菌的 MIC_{50} 比较

单位：$\mu g/mL$

药物名称	2015 年	2016 年	2017 年	2018 年	2019 年	2020 年	2021 年	2022 年
盐酸多西环素	3.13	0.78	0.5	0.25	0.25	0.25	≤0.06	0.125
氟苯尼考	1.56	0.78	2	16	2	4	2	2
磺胺间甲氧嘧啶钠	≥200	≥200	256	512	16	64	4	32
恩诺沙星	/	/	0.25	0.5	0.25	0.25	0.125	0.125
硫酸新霉素	25	12.5	32	4	4	1	0.5	0.5
甲砜霉素	50	6.25	16	128	16	4	2	4
氟甲喹	/	/	/	/	/	/	0.125	0.5
磺胺甲噁唑/甲氧苄啶	/	/	/	/	/	/	2.4/0.125	9.5/0.5
菌株数	112	104	87	24	86	114	145	262

注："/" 表示无相关数据。

表13 2015—2022 年不同药物对弧菌的 MIC_{90} 比较

单位：$\mu g/mL$

药物名称	2015 年	2016 年	2017 年	2018 年	2019 年	2020 年	2021 年	2022 年
盐酸多西环素	25	25	8	16	2	4	4	4
氟苯尼考	50	12.5	32	128	64	64	64	64
磺胺间甲氧嘧啶钠	≥200	≥200	256	512	64	512	256	≥1 024
恩诺沙星	/	/	2	16	1	2	2	1
硫酸新霉素	50	50	64	64	8	4	2	4
甲砜霉素	≥200	≥100	128	256	256	256	256	≥512
氟甲喹	/	/	/	/	/	/	8	16
磺胺甲噁唑/甲氧苄啶	/	/	/	/	/	/	152/8	≥608/32
菌株数	112	104	87	24	86	114	145	262

注："/"表示无相关数据。

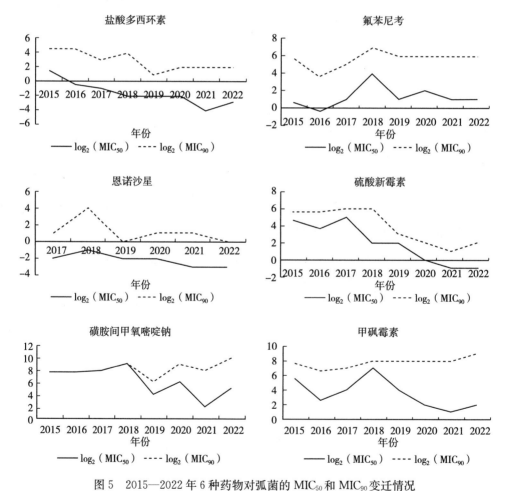

图5 2015—2022 年6种药物对弧菌的 MIC_{50} 和 MIC_{90} 变迁情况

3. 链球菌

耐药性监测数据比较显示，2015—2022 年链球菌对盐酸多西环素的耐药率总体平稳，维持在 10% 左右，控制较好（表 14）；由于磺胺甲噁唑/甲氧苄啶的数据不全以及其他药物没有判定标准而无法计算链球菌的耐药率，因此只有链球菌对盐酸多西环素的耐药变迁情况（图 6）。

表 14　2015—2022 年弧菌对不同药物的耐药率比较

药物名称	2015 年	2016 年	2017 年	2018 年	2019 年	2020 年	2021 年	2022 年
盐酸多西环素	13.33%	0.00%	4.55%	0.00%	11.29%	3.23%	2.82%	9.59%
磺胺甲噁唑/甲氧苄啶	/	/	/	/	/	/	/	21.92%
菌株数（株）	15	30	66	26	62	62	62	73

注："/"表示无相关数据；弧菌无氟苯尼考、恩诺沙星、磺胺间甲氧嘧啶钠、硫酸新霉素、甲砜霉素和氟甲喹的耐药折点，无法计算耐药率。

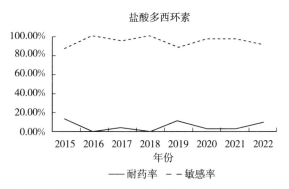

图 6　2015—2022 年链球菌对盐酸多西环素的耐药变迁情况

比较不同药物对链球菌的 MIC 水平变迁情况（表 15 和表 16），盐酸多西环素、恩诺沙星、硫酸新霉素的 MIC_{50} 和 MIC_{90} 呈波动下降趋势，盐酸多西环素对链球菌的 MIC_{90} 从 $3.9\mu g/mL$（2015 年）下降到 $\leqslant 0.06\mu g/mL$（2022 年），恩诺沙星的 MIC_{90} 从 $7.8\mu g/mL$（2017 年）下降到 $1\mu g/mL$（2022 年），硫酸新霉素的 MIC_{90} 从 $125\mu g/mL$（2015 年）下降到 $16\mu g/mL$（2022 年）。氟苯尼考和甲砜霉素除个别年份偏高外，其 MIC_{90} 分别维持在 $4\sim8\mu g/mL$ 和 $8\sim16\mu g/mL$。磺胺间甲氧嘧啶钠的 MIC_{90} 除 2021 年偏低外，其 MIC_{90} 基本维持在较高水平，且 2022 年出现明显的上升拐点（图 7）。需要说明的是，在生产中仍缺少有效药物控制链球菌。

表 15　2015—2022 年不同药物对链球菌的 MIC_{50} 比较

单位：μg/mL

药物名称	2015 年	2016 年	2017 年	2018 年	2019 年	2020 年	2021 年	2022 年
盐酸多西环素	0.12	0.24	$\leqslant 0.2$	$\leqslant 0.12$	$\leqslant 0.2$	$\leqslant 0.2$	0.125	$\leqslant 0.06$
氟苯尼考	0.98	1.95	0.78	15.6	3.13	1.56	2	4
磺胺间甲氧嘧啶钠	/	$\geqslant 2\,500$	$\geqslant 250$	$\geqslant 250$	$\geqslant 200$	4	8	8
恩诺沙星	/	/	1.96	0.49	1.56	0.39	0.125	1

（续）

药物名称	2015 年	2016 年	2017 年	2018 年	2019 年	2020 年	2021 年	2022 年
硫酸新霉素	62.5	2 590	32	125	6.25	12.5	8	1
甲砜霉素	1.95	3.9	3.13	125	6.25	1.56	1	2
氟甲喹	/	/	/	/	/	/	8	32
磺胺甲噁唑/甲氧苄啶	/	/	/	/	/	/	/	4.8/0.25
菌株数	15	30	66	26	62	62	62	73

注："/"表示无相关数据。

表 16　2015—2022 年不同药物对链球菌的 MIC_{90} 比较

单位：$\mu g/mL$

药物名称	2015 年	2016 年	2017 年	2018 年	2019 年	2020 年	2021 年	2022 年
盐酸多西环素	3.9	0.24	1.56	≤0.12	3.13	≤0.2	0.125	≤0.06
氟苯尼考	1.95	7.8	3.13	62.5	3.13	3.13	4	8
磺胺间甲氧嘧啶钠	/	≥2 500	≥250	≥250	≥200	128	32	≥1 024
恩诺沙星	/	/	7.8	0.98	12.5	0.78	8	1
硫酸新霉素	125	625	62.5	≥250	12.5	25	16	16
甲砜霉素	7.8	7.8	25	≥250	12.5	6.25	8	8
氟甲喹	/	/	/	/	/	/	16	64
磺胺甲噁唑/甲氧苄啶	/	/	/	/	/	/	/	≥608/32
菌株数	15	30	66	26	62	62	62	73

注："/"表示无相关数据。

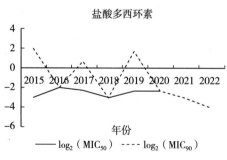

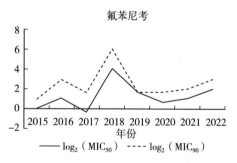

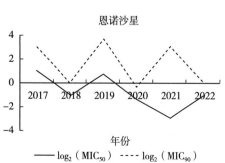

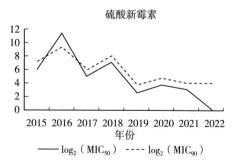

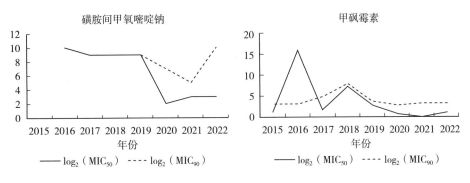

图 7　2015—2022 年 6 种药物对链球菌的 MIC_{50} 和 MIC_{90} 变迁情况

五、结论

1. 本年度耐药性监测地区基本包括了全国水产养殖主要区域，采集的样品主要来自各地区的主要养殖品种，主要监测了 5 类常见病原菌（气单胞菌、弧菌、假单胞菌、链球菌和爱德华氏菌），其中淡水养殖品种中以气单胞菌为主，海水养殖品种中以弧菌为主。

2. 就不同的病原菌而言，气单胞菌相对最敏感的药物是恩诺沙星和硫酸新霉素；弧菌相对最敏感的药物是恩诺沙星、硫酸新霉素及盐酸多西环素；爱德华氏菌相对最敏感的药物是硫酸新霉素和恩诺沙星；假单胞菌相对最敏感的药物是硫酸新霉素和盐酸多四环素；链球菌相对最敏感的药物是盐酸多西环素和恩诺沙星。整体而言，假单胞菌的整体耐药性最高，尤其对恩诺沙星、氟苯尼考和磺胺甲噁唑/甲氧苄啶的耐药率高于其他病原菌，因此对于假单胞菌引起的疾病一定要基于药敏测定的结果选择用药；链球菌对磺胺类药物外的其他抗菌药物比较敏感，可继续选择使用。

3. 就不同的抗菌药物而言，5 类病原菌均对磺胺间甲氧嘧啶钠和磺胺甲噁唑/甲氧苄啶具有较高的耐药水平。按 MIC50 来判断，所有病原菌对恩诺沙星、盐酸多西环素和硫酸新霉素都比较敏感；弧菌和气单胞菌对氟甲喹相对比较敏感；假单胞菌对氟苯尼考和甲砜霉素不敏感。

4. 就不同的养殖品种而言，鲫、大菱鲆、南美白对虾和罗非鱼的分离菌对 8 种药物均比较敏感，说明这些药物在这几个养殖品种上使用依然有效。大口黑鲈、牙鲆、大黄鱼的分离菌对氟苯尼考、磺胺间甲氧嘧啶钠和磺胺甲噁唑/甲氧苄啶的耐药性较强，因此建议在这几个养殖品种中避免或减少使用氟苯尼考和磺胺类药物，选用其他更敏感的药物。

5. 通过比较不同病原菌对抗菌药物的耐药变迁发现，2015—2021 年气单胞菌对盐酸多西环素和氟苯尼考的耐药率总体呈上升趋势，但 2022 年有回落；弧菌和链球菌对以上这两种药物的耐药率则较平稳，年度变化不大。气单胞菌、弧菌和链球菌等3类病原菌对恩诺沙星和硫酸新霉素的耐药性总体呈下降趋势，但是对磺胺类药物和甲砜霉素一直存在较强的耐药性。因此，今后应控制盐酸多西环素和氟苯尼考的使用频率，注意和其他敏感药物轮换使用。

地方篇

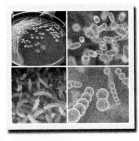

2022 年北京市水产养殖动物主要病原菌耐药性监测分析报告

王小亮　张　文　吕晓楠　王　澎　曹　欢

（北京市水产技术推广站）

为了解掌握水产养殖动物主要病原菌耐药性情况及变化规律，科学使用水产用抗菌药物，提高细菌性病害防控成效，助推水产养殖绿色高质量发展。2022 年北京地区从水产养殖"五大行动"骨干基地、病害测报点、规模养殖场等养殖的金鱼、锦鲤、鲟、斑点叉尾鮰、鲈等品种中分离得到嗜水气单胞菌、温和气单胞菌、鮰爱德华氏菌等病原菌 65 株，并测定其对 8 种水产用抗菌药物的敏感性，具体结果如下。

一、材料和方法

1. 样品采集

2022 年 4—10 月，对两个连续开展耐药性普查的金鱼养殖场，固定每月下旬采集样品。对"五大行动"骨干基地、病害测报点和规模养殖场，每月选取养殖场采集样品，整年全覆盖。对发病养殖场，及时采集样品。

样品采集方法为取发病鱼或游动缓慢的鱼（不少于 5 尾）和原池水装入高压聚乙烯袋，加冰块，立即运回实验室。采集样品时，记录渔场的发病情况、发病水温、用药情况、鱼类死亡情况等信息。

2. 病原菌分离筛选

无菌操作取样品鱼的肝、肾等组织，在脑心浸液琼脂（BHIA）平板上划线分离病原菌，将平板倒置于 28℃生化培养箱培养 24～48h，选取优势菌落在 BHIA 平板上纯化。

3. 病原菌鉴定及保存

纯化的菌株采用 API 鉴定系统进行鉴定，部分菌株采用 16S rRNA 和 $gyrB$ 基因进行分子鉴定。菌株保存：菌株在脑心浸液肉汤（BHI）培养基 28℃条件下增殖 16～20h 后，分装于 2mL 无菌管中，加灭菌甘油使其含量达 30%，然后冻存于 −80℃冰箱。

4. 病原菌的抗菌药物敏感性检测

供试药物种类有恩诺沙星、硫酸新霉素、甲砜霉素、氟苯尼考、盐酸多西环素、氟甲喹、磺胺间甲氧嘧啶钠、磺胺甲噁唑/甲氧苄啶。药物预埋在药敏分析试剂板中，生产单位为南京菲恩医疗科技公司。测定方法按照《药敏分析试剂板使用说明书》进行。

5. 数据统计方法

便于数据分析，我们界定了浓度梯度稀释法检测值的耐药折点。恩诺沙星设定为≥4μg/mL，硫酸新霉素、氟苯尼考设定为≥8μg/mL，盐酸多西环素、甲砜霉素设定为≥16μg/mL，氟甲喹设定为≥32μg/mL，磺胺间甲氧嘧啶钠设定为≥512μg/mL、磺胺甲噁唑/甲氧苄啶设定为≥76/4μg/mL。抑制50%、90%细菌生长的最低药物浓度（MIC_{50}、MIC_{90}）采用软件 SPSS v26 统计。

二、药敏测试结果

1. 病原菌分离鉴定总体情况

共分离病原菌65株，其中嗜水气单胞菌35株、温和气单胞菌23株、鮰爱德华氏菌6株和腐败希瓦氏菌1株。

2. 病原菌耐药性分析

（1）北京市鱼源气单胞菌耐药性总体情况

总体上，北京市鱼源气单胞菌对氟苯尼考和甲砜霉素的耐药率最高，分别为12.3%和13.8%；2种药物对菌株的MIC_{90}分别为8.76μg/mL和33.57μg/mL。该菌株对磺胺间甲氧嘧啶钠和磺胺甲噁唑/甲氧苄啶的耐药率均为4.6%；2种药物对菌株的MIC_{90}分别为48.1μg/mL和23.99/1.25μg/mL。相对而言，该菌株对硫酸新霉素、恩诺沙星和盐酸多西环素较为敏感，耐药率分别为0%、1.5%和1.5%；3种药物对菌株的MIC_{90}分别为3.74μg/mL、0.79μg/mL和3.74μg/mL，详见表1。

表1 水产用抗菌药物对北京市2020—2022年鱼源病原菌的MIC_{90}及菌株耐药率

药物种类	MIC_{90}（μg/mL）			耐药率（%）		
	2020年	2021年	2022年	2020年	2021年	2022年
恩诺沙星	2.24	1.52	0.79	2.8	5.4	1.5
硫酸新霉素	1.35	2.27	3.74	0	5.4	0
甲砜霉素	89.58	31.51	33.57	22.2	13.5	13.8
氟苯尼考	40.67	9.14	8.76	22.2	16.2	12.3
盐酸多西环素	3.12	1.47	3.74	2.8	2.7	1.5
氟甲喹	29.80	23.09	12.23	2.8	8.1	3.1
磺胺间甲氧嘧啶钠	137.29	70.59	48.1	25.0	5.4	4.6
磺胺甲噁唑/甲氧苄啶	130.01/26.00	39.44/2.07	23.99/1.25	52.8	5.4	4.6

（2）不同种类病原菌的耐药性情况

2022年耐药普查工作中共分离到嗜水气单胞菌35株、温和气单胞菌23株、鮰爱德华氏菌6株。水产用抗菌药物对两种鱼源气单胞菌的MIC_{90}及菌株耐药率见表2、

图 1。从表和图上直观看，恩诺沙星、硫酸新霉素、氟苯尼考、盐酸多西环素、氟甲喹、磺胺间甲氧嘧啶钠和磺胺甲噁唑/甲氧苄啶对嗜水气单胞菌的 MIC_{90} 均高于温和气单胞菌，甲砜霉素对嗜水气单胞菌的 MIC_{90} 低于温和气单胞菌；从每种药物对两种菌株的 MIC 集中分部区间看，几乎一致。但是，分析每种药物对所有分离的嗜水气单胞菌和温和气单胞菌菌株 MIC 的均值发现，硫酸新霉素和盐酸多西环素对两种菌各菌株的 MIC 均值有显著差异（$P < 0.05$），其他药物对两种菌各菌株的 MIC 均值无显著差异（$P > 0.05$），两种菌菌株的耐药率无显著差异（$P > 0.05$）。

表 2　水产用抗菌药物对两种鱼源气单胞菌的 MIC_{90} 及菌株耐药率

药物名称	MIC_{90}（μg/mL）		耐药率（%）	
	嗜水气单胞菌	温和气单胞菌	嗜水气单胞菌	温和气单胞菌
恩诺沙星	0.79	0.6	2.9	0
硫酸新霉素	1.84	1.16	0	0
甲砜霉素	40.37	42.23	14.3	17.4
氟苯尼考	21.81	7.17	14.3	13.0
盐酸多西环素	5.75	1.15	2.9	0
氟甲喹	21.81	10.21	5.7	0
磺胺间甲氧嘧啶钠	58.17	46.12	5.7	4.3
磺胺甲噁唑/甲氧苄啶	32.94/1.72	19.63/1.02	5.7	4.3

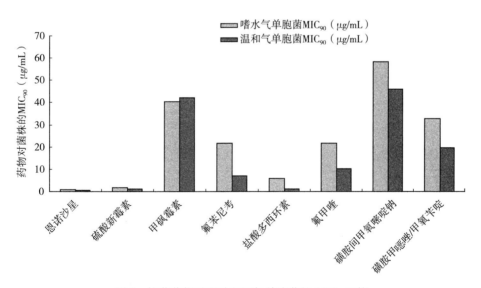

图 1　抗菌药物对两种鱼源气单胞菌的 MIC_{90} 比较

①嗜水气单胞菌对抗菌药物的敏感性

各抗菌药物对 35 株嗜水气单胞菌的 MIC 频数分布见表 3 至表 8。恩诺沙星对菌株的 MIC 分布是 1 株为 4μg/mL，其余 34 株均在 2μg/mL 以下；硫酸新霉素对菌株的 MIC 分布在 0.25～4μg/mL，主要集中分布在 1μg/mL 和 2μg/mL；甲砜霉素对其中 4 株菌株的 MIC 在 512μg/mL 以上，对 1 株菌的 MIC 为 16μg/mL，对其余菌株的 MIC 均在 4μg/mL 以下；氟苯尼考对 1 株菌的 MIC 为 256μg/mL，对多数菌株的 MIC 分布在 4μg/mL 以下；盐酸多西环素对 17 株菌的 MIC 集中在 2～16μg/mL，对剩余 18 株菌的 MIC 分布在 0.5μg/mL 以下；氟甲喹对菌株的 MIC 也是分布在两个区间：对 24 株菌的 MIC 分布区间在 2～32μg/mL，对 11 株菌的 MIC 分布在 0.5μg/mL 以下；磺胺间甲氧嘧啶钠对 33 株菌的 MIC 分布在 33μg/mL 以下，对 2 株菌的 MIC 分布在 1 024μg/mL 以上；磺胺甲噁唑/甲氧苄啶对 33 株菌的 MIC 分布在 38/2μg/mL 以下，对 2 株菌的 MIC 分别在 608/32μg/mL 以上。

表 3 恩诺沙星对 2022 年分离的嗜水气单胞菌的 MIC 频数分布（n＝35）

供试药物	不同药物浓度（μg/mL）下的菌株数（株）											
	>16	8	4	2	1	0.5	0.25	0.125	0.06	0.03	0.015	≤0.008
恩诺沙星			1	2	3	11	8	7		1		2

表 4 盐酸多西环素对 2022 年分离的嗜水气单胞菌的 MIC 频数分布（n＝35）

供试药物	不同药物浓度（μg/mL）下的菌株数（株）											
	>128	64	32	16	8	4	2	1	0.5	0.25	0.125	≤0.06
盐酸多西环素				1	6	3	7		2	3	7	6

表 5 硫酸新霉素和氟甲喹对 2022 年分离的嗜水气单胞菌的 MIC 频数分布（n＝35）

供试药物	不同药物浓度（μg/mL）下的菌株数（株）											
	>256	128	64	32	16	8	4	2	1	0.5	0.25	≤0.125
硫酸新霉素							1	18	12	3	1	
氟甲喹				2	9	8	4	1		5	1	5

表 6 甲砜霉素和氟苯尼考对 2022 年分离的嗜水气单胞菌的 MIC 频数分布（n＝35）

供试药物	不同药物浓度（μg/mL）下的菌株数（株）											
	>512	256	128	64	32	16	8	4	2	1	0.5	≤0.25
甲砜霉素	4					1		4	8	16	1	1
氟苯尼考		1	3				1	1	3	24	2	

表 7 磺胺间甲氧嘧啶钠对 2022 年分离的嗜水气单胞菌的 MIC 频数分布（n＝35）

供试药物	不同药物浓度（μg/mL）下的菌株数（株）									
	>1 024	512	256	128	64	32	16	8	4	≤2
磺胺间甲氧嘧啶钠	2					2	10	14	5	2

2022 年北京市水产养殖动物主要病原菌耐药性监测分析报告

表 8　磺胺甲噁唑/甲氧苄啶对 2022 年分离的嗜水气单胞菌的 MIC 频数分布 （n＝35）

供试药物	不同药物浓度（μg/mL）下的菌株数（株）									
	＞608/32	304/16	152/8	76/4	38/2	19/1	9.5/0.5	4.8/0.25	2.4/0.12	≤1.2/0.06
磺胺甲噁唑/甲氧苄啶	2				1	3	2	8	14	5

②温和气单胞菌对抗菌药物的敏感性

各抗菌药物对 23 株温和气单胞菌的 MIC 频数分布见表 9 至表 14。恩诺沙星对所有菌株的 MIC 都分布在 1μg/mL 以下；硫酸新霉素对菌株的 MIC 分布在 0.5～2μg/mL，甲砜霉素对 4 株菌的 MIC 分布在 64～＞512μg/mL，对其余 19 株菌的 MIC 分布在 4μg/mL 以下；氟苯尼考对 3 株菌的 MIC 是 32μg/mL（2 株）、64μg/mL（1 株），对其余 20 株的 MIC 分布在 2μg/mL 以下；盐酸多西环素对 7 株菌的 MIC 是 2μg/mL（6 株）、4μg/mL（1 株），对其余菌株的 MIC 分布 0.25μg/mL 以下；氟甲喹对菌株的 MIC 分布有两个区间，对 9 株菌的 MIC 分布在 4～16μg/mL，对 14 株菌的 MIC 分布在 0.5μg/mL 以下；磺胺间甲氧嘧啶钠对菌株的 MIC 是 128μg/mL（1 株）、1 024μg/mL 以上（1 株），对其余 21 株菌的 MIC 分布在 16μg/mL 以下；磺胺甲噁唑/甲氧苄啶对菌株的 MIC 是 38/2μg/mL（1 株）、608/32μg/mL（1 株），对其余 21 株菌的 MIC 分布在 4.8/0.25μg/mL 以下。

表 9　恩诺沙星对 2022 年分离的温和气单胞菌的 MIC 频数分布 （n＝23）

供试药物	不同药物浓度（μg/mL）下的菌株数（株）											
	＞16	8	4	2	1	0.5	0.25	0.125	0.06	0.03	0.015	≤0.008
恩诺沙星					4	5		7	4	2		1

表 10　盐酸多西环素对 2022 年分离的温和气单胞菌的 MIC 频数分布 （n＝23）

供试药物	不同药物浓度（μg/mL）下的菌株数（株）											
	＞128	64	32	16	8	4	2	1	0.5	0.25	0.125	≤0.06
盐酸多西环素						1	6			3		12

表 11　硫酸新霉素和氟甲喹对 2022 年分离的温和气单胞菌的 MIC 频数分布 （n＝23）

供试药物	不同药物浓度（μg/mL）下的菌株数（株）											
	＞256	128	64	32	16	8	4	2	1	0.5	0.25	≤0.125
硫酸新霉素								5	16	2		
氟甲喹					5	2	2			4	3	7

表 12　甲砜霉素和氟苯尼考对 2022 年分离的温和气单胞菌的 MIC 频数分布 （n＝23）

供试药物	不同药物浓度（μg/mL）下的菌株数（株）											
	＞512	256	128	64	32	16	8	4	2	1	0.5	≤0.25
甲砜霉素	1	2	1					1	1	12	5	
氟苯尼考				1	2				1	12	7	

表 13 磺胺间甲氧嘧啶钠对 2022 年分离的温和气单胞菌的 MIC 频数分布（$n=23$）

供试药物	不同药物浓度（$\mu g/mL$）下的菌株数（株）									
	>1 024	512	256	128	64	32	16	8	4	≤2
磺胺间甲氧嘧啶钠	1			1			4	3	10	4

表 14 磺胺甲噁唑/甲氧苄啶对 2022 年分离的温和气单胞菌的 MIC 频数分布（$n=23$）

供试药物	不同药物浓度（$\mu g/mL$）下的菌株数（株）									
	>608/32	304/16	152/8	76/4	38/2	19/1	9.5/0.5	4.8/0.25	2.4/0.12	≤1.2/0.06
磺胺甲噁唑/甲氧苄啶	1			1				5	8	8

③鮰爱德华氏菌菌对抗菌药物的敏感性

6 株鮰爱德华氏菌均从同一家养殖企业发病的斑点叉尾鮰上分离获得，药物对菌株的 MIC 比较集中。恩诺沙星对菌株的 MIC 都分布在 $0.125\mu g/mL$；硫酸新霉素对菌株的 MIC 是 $0.5\mu g/mL$（4 株）、$1\mu g/mL$（1 株）和 $2\mu g/mL$（1 株）；甲砜霉素对菌株的 MIC 是 $1\mu g/mL$（4 株）和 $2\mu g/mL$（2 株）；氟苯尼考对菌株的 MIC 是 $0.5\mu g/mL$（4 株）和 $1\mu g/mL$（2 株）；盐酸多西环素对菌株的 MIC 是 $0.5\mu g/mL$（4 株）和 $4\mu g/mL$（2 株）；氟甲喹对菌株的 MIC 是 $2\mu g/mL$（4 株）、$4\mu g/mL$（1 株）和 $16\mu g/mL$（1 株）；磺胺间甲氧嘧啶钠对菌株的 MIC 是 $4\mu g/mL$ 以下（4 株）、$8\mu g/mL$（1 株）和 $16\mu g/mL$（1 株）；磺胺甲噁唑/甲氧苄啶对菌株的 MIC 是 $1.2/0.06\mu g/mL$ 以下（3 株）、$2.4/1.2\mu g/mL$（2 株）和 $4.8/0.25\mu g/mL$（1 株）。

3. 病原菌耐药性的年度变化情况

比较水产用抗菌药物对 2020 年、2021 年和 2022 年北京市水产养殖动物病原菌的 MIC_{90} 和菌株耐药率，见表 1 和图 2。结果发现，恩诺沙星、氟苯尼考、氟甲喹、磺胺间甲氧嘧啶钠和磺胺甲噁唑/甲氧苄啶对菌株的 MIC_{90} 呈现逐年降低趋势，硫酸新霉素对菌株的 MIC_{90} 逐年升高，甲砜霉素和盐酸多西环素对菌株的 MIC_{90} 先降低后升高。方差分析表明，不同年份间（2020—2022 年）硫酸新霉素对菌株的 MIC 均值有显著差异（$P<0.05$），其他药物对菌株的 MIC 均值无显著差异（$P>0.05$）。

从耐药率看，分离菌株对所有药物的耐药率整体呈现下降趋势，这可能与采用的药敏分析试剂板和调整耐药折点有关。方差分析表明，2022 年水产养殖动物病原菌对恩诺沙星、盐酸多西环素和氟甲喹的耐药率显著低于 2021 年（$P<0.05$），对其他药物的耐药率与 2021 年相比无显著差异（$P>0.05$）；2022 年水产养殖动物病原菌对恩诺沙星、盐酸多西环素、氟苯尼考、磺胺间甲氧嘧啶钠和磺胺甲噁唑/甲氧苄啶的耐药率显著低于 2020 年（$P<0.05$），对其他抗菌药物的耐药率与 2020 年相比无显著差异（$P>0.05$）。

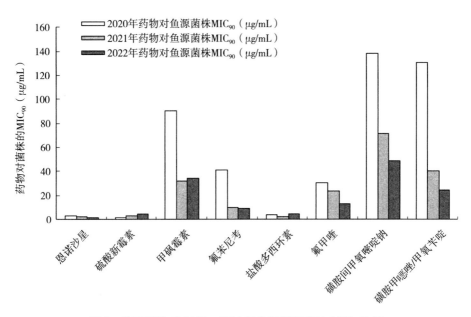

图 2　抗菌药物对 2020—2022 年鱼源病原菌的 MIC_{90} 比较

三、分析与建议

1. 连续监测发现，不同时间、不同地区和不同鱼类分离的同种病原菌以及不同种类的病原菌，甚至同种病原菌的不同菌株对抗菌药物的敏感性都不相同。然而，对于用药和生产方式相同的鱼类养殖场分离到的气单胞菌，水产用抗菌药物对其的 MIC_{90} 及菌株随药物浓度的分布特征具有相似性。

2. 磺胺间甲氧嘧啶钠、磺胺甲噁唑/甲氧苄啶对病原菌而言已成为体外敏感药物，因此，在开展病原菌药物敏感性检测的基础上，可依据检测结果推荐给养殖户优先在生产上使用。

3. 2022 年分离的病原菌对恩诺沙星、盐酸多西环素、氟苯尼考、磺胺间甲氧嘧啶钠和磺胺甲噁唑/甲氧苄啶的耐药率较往年都有显著降低。然而，与 2021 年相比，2022 年分离到一些菌株对硫酸新霉素、甲砜霉素的耐药率较高。因此，在养殖生产指导用药时，一定注意用药方式和剂量。例如，氟苯尼考和甲砜霉素均属于剂量依赖性药物，使用过程中很容易使病原菌短时间产生较高的耐药性，因此，建议使用这类药物时给足剂量，并与其他药物轮流使用，以延长该类药物的使用间隔时间。

4. 鱼源气单胞菌对恩诺沙星、盐酸多西环素和硫酸新霉素较为敏感，这与往年的检测结果基本一致，可在无法进行药敏检测时作为养殖生产中治疗细菌性疾病的首选药物。

2022年天津市水产养殖动物主要病原菌耐药性监测分析报告

张振国　赵良炜　徐赟霞　王　禹
（天津市动物疫病预防控制中心）

　　为了解掌握水产养殖动物主要病原菌耐药性情况及变化规律，指导科学使用水产用抗菌药物，提高细菌性病害防控成效，推动渔业绿色高质量发展，天津市动物疫病预防控制中心于2022年4—10月从天津市宝坻区八门城镇、宁河区南淮淀地区人工养殖的发病鲤、鲫体内分离到嗜水气单胞菌、温和气单胞菌、维氏气单胞菌等病原菌，并测定其对8种水产用抗菌药物的敏感性，具体结果如下。

一、材料与方法

1. 样品采集

　　2022年4—10月，对宝坻区八门城镇、宁河区南淮淀地区进行人工养殖鲤、鲫样品采集，在鱼发病时及时采集样品。采集游动缓慢、濒临死亡的病鱼，注原池水打氧，立即运回实验室。在采集样品的同时要记录养殖场的发病情况、死亡率、发病水温、溶解氧、用药情况等相关信息。

2. 病原菌分离筛选

　　在无菌条件下，取病鱼肝脏、脾脏、肾脏组织在脑心浸液琼脂（BHIA）划线分离后将培养皿置于恒温培养箱中，于28℃±1℃培养24h后，挑取单菌落，划线接种于营养琼脂（NA）平板，纯化后备用。

3. 病原菌鉴定及保存

　　纯化的菌株采用VITEK 2 Compact全自动细菌鉴定系统及相应补充生化试验、分子生物学方法进行鉴定。菌株接种于胰蛋白胨大豆肉汤（TSB）增殖16~20h后，分装于预先加入灭菌甘油（最终甘油含量达25%）的2mL冻存管中，冻存于-80℃超低温冰箱内。

二、药敏测试结果

1. 病原菌分离鉴定总体情况

　　本次从发病鱼体内共分离获得气单胞菌属细菌54株，有嗜水气单胞菌32株、温和气单胞菌17株、维氏气单胞菌4株、豚鼠气单胞菌1株（分类占比见图1）。

· 26 ·

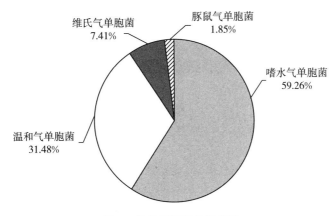

图 1　分离病原菌分类统计

2. 病原菌耐药性分析

（1）气单胞菌属细菌耐药性总体情况

2022 年共分离获得的 54 株气单胞菌属细菌对硫酸新霉素、盐酸多西环素、恩诺沙星较为敏感，其 MIC_{90} 分别为 $4.83\mu g/mL$、$2.20\mu g/mL$、$1.69\mu g/mL$，对甲砜霉素、磺胺间甲氧嘧啶钠、磺胺甲噁唑/甲氧苄啶较为耐受，其 MIC_{90} 分别为 $97.97\mu g/mL$、$477.05\mu g/mL$、$544.37/28.82\mu g/mL$，具体结果见表 1、表 2。

（2）不同种类气单胞菌对水产用抗菌药物的敏感性

①嗜水气单胞菌对水产用抗菌药物的敏感性

32 株嗜水气单胞菌对水产用抗菌药物敏感性测定结果见表 3、表 4，嗜水气单胞菌对恩诺沙星、硫酸新霉素、氟甲喹、盐酸多西环素较为敏感，对磺胺间甲氧嘧啶钠、磺胺甲噁唑/甲氧苄啶、甲砜霉素较为耐受。

②温和气单胞菌对水产用抗菌药物的敏感性

17 株温和气单胞菌对水产用抗菌药物敏感性测定结果见表 5、表 6。温和气单胞菌主要对盐酸多西环素较为敏感，对磺胺间甲氧嘧啶钠、磺胺甲噁唑/甲氧苄啶、甲砜霉素较为耐受。

③维氏气单胞菌对水产用抗菌药物的敏感性

4 株维氏气单胞菌对水产用抗菌药物的敏感性测定结果见表 7、表 8。维氏气单胞菌对硫酸新霉素、盐酸多西环素、恩诺沙星较为敏感，对氟苯尼考、氟甲喹、磺胺间甲氧嘧啶钠、磺胺甲噁唑/甲氧苄啶、甲砜霉素耐受。

④豚鼠气单胞菌对水产用抗菌药物的敏感性

1 株豚鼠气单胞菌对水产用抗菌药物的敏感性测定结果见表 9、表 10，因样本数量较少，不进行 MIC_{50}、MIC_{90} 数据分析。

（3）不同种类气单胞菌对水产用抗菌药物敏感性比较

2022 年监测共分离出嗜水气单胞菌 32 株、温和气单胞菌 17 株、维氏气单胞菌

表 1　7 种水产用抗菌药物对气单胞菌属细菌的 MIC 频数分布（n=54）

供试药物	MIC₅₀ (μg/mL)	MIC₉₀ (μg/mL)	不同药物浓度（μg/mL）下的菌株数（株）																	
			≥1024	512	256	128	64	32	16	8	4	2	1	0.5	0.25	0.125	0.06	0.03	0.015	≤0.008
恩诺沙星	0.12	1.69							1	1	5	1	4	3	12	13	1	3	2	8
硫酸新霉素	1.19	4.83			0	0	2	0	0	1	8	17	17	7	2	0				
甲砜霉素	3.46	97.97		7	1	4	0	0	0	0	11	15	12	3	1					
氟苯尼考	2.15	22.88		2	0	4	0	1	1	0	0	32	13	1	0					
盐酸多西环素	0.22	2.20			1	1	0	0	0	2	3	3	0	9	24	5	1			
氟甲喹	0.32	9.95			1	0	2	2	4	0	2	3	5	12	8	15	7			
磺胺间甲氧嘧啶钠	83.00	477.05	9	0	7	21	4	7	1	5	0	0								

表 2　磺胺甲噁唑/甲氧苄啶对气单胞菌属细菌的 MIC 频数分布（n=54）

供试药物	MIC₅₀ (μg/mL)	MIC₉₀ (μg/mL)	不同药物浓度（μg/mL）下的菌株数（株）									
			≥608/32	304/16	152/8	76/4	38/2	19/1	9.5/0.5	4.8/0.25	2.4/0.12	≤1.2/0.06
磺胺甲噁唑/甲氧苄啶	76.85/4.04	544.37/28.82	8	12	16	4	3	6	0	4	1	0

表 3 7 种水产用抗菌药物对嗜水气单胞菌的 MIC 频数分布 （n=32）

供试药物	MIC$_{50}$ (μg/mL)	MIC$_{90}$ (μg/mL)	不同药物浓度（μg/mL）下的菌株数（株）																
			≥1 024	512	256	128	64	32	16	8	4	2	1	0.5	0.25	0.125	0.06	0.03	0.015	≤0.008
恩诺沙星	0.08	0.65							0	0	1	1	2	1	9	9	1	3	1	4
硫酸新霉素	0.76	1.97			0				0	1	2	7	13	7	2	0				
甲砜霉素	4.83	52.19		2	1	3	0	0	0	0	11	13	2	0	0					
氟苯尼考	1.99	7.57		0	0	1	0	1	1	0	0	28	1	0	0					
盐酸多西环素	0.23	0.87							0	1	0	2	0	8	18	0	3			
氟甲喹	0.20	3.12			0	0	1	1	0	0	1	1	4	7	8	9				
磺胺间甲氧嘧啶钠	93.36	505.71	5	0	5	16	1	1	1	3	0	0								

表 4 磺胺甲噁唑/甲氧苄啶对嗜水气单胞菌的 MIC 频数分布 （n=32）

供试药物	MIC$_{50}$ (μg/mL)	MIC$_{90}$ (μg/mL)	不同药物浓度（μg/mL）下的菌株数（株）									
			≥608/32	304/16	152/8	76/4	38/2	19/1	9.5/0.5	4.8/0.25	2.4/0.12	≤1.2/0.06
磺胺甲噁唑/甲氧苄啶	107.43/5.65	587.72/30.8	4	11	12	0	1	2	0	2	0	0

表 5　7 种水产用抗菌药物对温和气单胞菌的 MIC 频数分布 （n=17）

供试药物	MIC$_{50}$ (μg/mL)	MIC$_{90}$ (μg/mL)	不同药物浓度 （μg/mL） 下的菌株数 （株）																
			≥1 024	512	256	128	64	32	16	8	4	2	1	0.5	0.25	0.125	0.06	0.03	0.015	≤0.008
恩诺沙星	0.17	7.01							1	1	3	0	1	1	2	3	0	0	1	4
硫酸新霉素	2.57	12.03			0	0	2	0	0	0	6	6	3	0	0	0				
甲砜霉素	1.44	160.48		3	0	1	0	0	0	0	0	1	9	2	1					
氟苯尼考	1.62	39.32		1	0	2	0	0	0	0	0	3	10	1	0					
盐酸多西环素	0.19	2.55				0	0	0	0	1	3	1	0	1	3	4	4			
氟甲喹	0.45	10.04				0	0	1	3	0	1	1	1	4	0	6				
磺胺间甲氧嘧啶钠	65.13	361.12	3	0	0	5	2	6	0	1	0	0								

表 6　磺胺甲噁唑/甲氧苄啶对温和气单胞菌的 MIC 频数分布 （n=17）

供试药物	MIC$_{50}$ (μg/mL)	MIC$_{90}$ (μg/mL)	不同药物浓度 （μg/mL） 下的菌株数 （株）									
			≥608/32	304/16	152/8	76/4	38/2	19/1	9.5/0.5	4.8/0.25	2.4/0.12	≤1.2/0.06
磺胺甲噁唑/甲氧苄啶	44.69/2.35	313.52/16.57	3	1	2	3	2	4	0	2	0	0

表 7　7 种水产用抗菌药物对维氏气单胞菌的 MIC 频数分布 （n＝4）

供试药物	MIC$_{50}$ (μg/mL)	MIC$_{90}$ (μg/mL)	≥1 024	512	256	128	64	32	16	8	4	2	1	0.5	0.25	0.125	0.06	0.03	0.015	≤0.008
									不同药物浓度（μg/mL）下的菌株数（株）											
恩诺沙星	0.43	2.18								0	1	0	1	0	1	1	0	0	0	0
硫酸新霉素	1.19	2.05			0						0	3	1	0	0	0		0	0	
甲砜霉素	2.13	285.93		1	0	1					0	1	1	1						
氟苯尼考	2.65	45.84		0	0	1	0				0	1	2	0						
盐酸多西环素	0.16	0.32										0	0	0	3	1	0			
氟甲喹	3.95	41.94			0	0	1	0	1	0	0	1	0	1	0					
磺胺间甲氧嘧啶钠	51.94	302.75	0	0	2	0	1	0	0	1	0	0	0	0	0					

表 8　磺胺甲噁唑/甲氧苄啶对维氏气单胞菌的 MIC 频数分布 （n＝4）

供试药物	MIC$_{50}$ (μg/mL)	MIC$_{90}$ (μg/mL)	≥608/32	304/16	152/8	76/4	38/2	19/1	9.5/0.5	4.8/0.25	2.4/0.12	≤1.2/0.06
					不同药物浓度（μg/mL）下的菌株数（株）							
磺胺甲噁唑/甲氧苄啶	30.12/1.58	293.14/15.68	0	0	2	1	0	0	0	0	1	0

表 9　7 种水产用抗菌药物对豚鼠气单胞菌的 MIC 频数分布 （$n=1$）

供试药物	不同药物浓度 （μg/mL） 下的菌株数 （株）																	
	≥1 024	512	256	128	64	32	16	8	4	2	1	0.5	0.25	0.125	0.06	0.03	0.015	≤0.008
恩诺沙星	0	0	0	0	0	0	0	0	0	0	0	1	0	0	0	0	0	0
硫酸新霉素	0	0	1	0	0	0	0	0	0	0	0	0	0	0				
甲砜霉素	0	0	0	0	0	0	0	0	0	1	0	0	0	0				
氟苯尼考	0	0	1	0	0	0	0	0	0	0	0	0	0	0				
盐酸多西环素	0	0	0	1	0	0	0	0	0	0	0	0	0	0	0			
氟甲喹	0	0	1	0	0	0	0	0	0	0	0	0	0	0				
磺胺间甲氧嘧啶钠	1	0	0	0	0	0	0	0	0	0	0	0						

表 10　磺胺甲噁唑/甲氧苄啶对豚鼠气单胞菌的 MIC 频数分布 （$n=1$）

供试药物	不同药物浓度 （μg/mL） 下的菌株数 （株）									
	≥608/32	304/16	152/8	76/4	38/2	19/1	9.5/0.5	4.8/0.25	2.4/0.12	≤1.2/0.06
磺胺甲噁唑/甲氧苄啶	1	0	0	0	0	0	0	0	0	0

4 株，按菌株种类统计 8 种药物的 MIC_{50} 和 MIC_{90}，结果见表 11。将 8 种抗菌药物对 3 种细菌的 MIC 结果进行方差分析，结果见表 12。结果显示，嗜水气单胞菌与温和气单胞菌对恩诺沙星、硫酸新霉素的敏感性差异显著（$P<0.05$），嗜水气单胞菌和温和气单胞菌与维氏气单胞菌对氟甲喹的敏感性差异显著（$P<0.05$）。

表 11　水产用抗菌药物对 3 种气单胞菌的 MIC_{50} 和 MIC_{90}

供试药物	MIC_{50}（$\mu g/mL$）			MIC_{90}（$\mu g/mL$）		
	嗜水气单胞菌	温和气单胞菌	维氏气单胞菌	嗜水气单胞菌	温和气单胞菌	维氏气单胞菌
恩诺沙星	0.08	0.17	0.43	0.65	7.01	2.18
硫酸新霉素	0.76	2.57	1.19	1.97	12.03	2.05
甲砜霉素	4.83	1.44	2.13	52.19	160.48	285.93
氟苯尼考	1.99	1.62	2.65	7.57	39.32	45.84
盐酸多西环素	0.23	0.19	0.16	0.87	2.55	0.32
氟甲喹	0.20	0.45	3.95	3.12	10.04	41.94
磺胺间甲氧嘧啶钠	93.36	65.13	51.94	505.71	361.12	302.75
磺胺甲噁唑/甲氧苄啶	107.43/5.65	44.69/2.35	30.12/1.58	587.72/30.8	313.52/16.57	293.14/15.68

表 12　3 种细菌对 8 种抗菌药物敏感性的多重比较

药物种类	（I）细菌种类	（J）细菌种类	均值差	标准误	P	95% 置信区间	
						下限	上限
恩诺沙星	嗜水气单胞菌	温和气单胞菌	−1.882 868*	0.748 317	0.015 12	−3.385 91	−0.379 83
		维氏气单胞菌	−0.966 500	1.322 310	0.468 24	−3.622 44	1.689 44
	温和气单胞菌	维氏气单胞菌	0.916 368	1.385 614	0.511 43	−1.866 72	3.699 46
硫酸新霉素	嗜水气单胞菌	温和气单胞菌	−8.354 779*	3.485 833	0.020 32	−15.356 28	−1.353 28
		维氏气单胞菌	−0.281 250	6.159 626	0.963 76	−12.653 22	12.090 72
	温和气单胞菌	维氏气单胞菌	8.073 529	6.454 509	0.216 82	−4.890 73	21.037 79
甲砜霉素	嗜水气单胞菌	温和气单胞菌	−44.352 94	49.829 17	0.377 68	−144.437 78	55.731 9
		维氏气单胞菌	−74.625 00	88.050 40	0.400 74	−251.479 44	102.229 4
	温和气单胞菌	维氏气单胞菌	−30.272 06	92.265 70	0.744 21	−215.593 16	155.049 0
氟苯尼考	嗜水气单胞菌	温和气单胞菌	−38.865 81	22.732 03	0.093 51	−84.524 44	6.792 8
		维氏气单胞菌	−25.718 75	40.168 53	0.524 92	−106.399 62	54.962 1
	温和气单胞菌	维氏气单胞菌	13.147 06	42.091 54	0.756 08	−71.396 29	97.690 4
盐酸多西环素	嗜水气单胞菌	温和气单胞菌	−0.764 926	0.510 108	0.140 02	−1.789 51	0.259 66
		维氏气单胞菌	0.427 500	0.901 384	0.637 37	−1.382 98	2.237 98
	温和气单胞菌	维氏气单胞菌	1.192 426	0.944 537	0.212 65	−0.704 73	3.089 58
氟甲喹	嗜水气单胞菌	温和气单胞菌	−1.759 881	3.969 104	0.659 39	−9.732 06	6.212 30
		维氏气单胞菌	−17.105 469*	7.013 586	0.018 32	−31.192 67	−3.018 27
	温和气单胞菌	维氏气单胞菌	−15.345 588*	7.349 352	0.041 91	−30.107 20	−0.583 98

（续）

药物种类	（I）细菌种类	（J）细菌种类	均值差	标准误	P	95％置信区间	
						下限	上限
磺胺间甲氧嘧啶钠	嗜水气单胞菌	温和气单胞菌	30.602 94	1.028 11	0.767 20	−175.899 92	237.105 8
		维氏气单胞菌	122.250 00	1.816 72	0.504 10	−242.649 91	487.149 9
	温和气单胞菌	维氏气单胞菌	91.647 06	1.903 70	0.632 32	−290.721 95	474.016 1
磺胺甲噁唑/甲氧苄啶	嗜水气单胞菌	温和气单胞菌	74.198 53	56.071 34	0.191 76	−38.424 08	186.821 1
		维氏气单胞菌	144.575 00	99.080 60	0.150 77	−54.434 24	343.584 2
	温和气单胞菌	维氏气单胞菌	70.376 47	1.038 24	0.501 00	−138.160 07	278.913 0

（4）病原菌耐药性年度变化情况

将 2021 年和 2022 年水产用抗菌药物对鱼源气单胞菌的 MIC_{50} 和 MIC_{90} 进行比较，结果见图 2、图 3。从图 3 可以看出，恩诺沙星、氟苯尼考、盐酸多西环素、硫酸新霉素、甲砜霉素、氟甲喹对气单胞菌的 MIC_{90} 均有不同程度的下降。磺胺间甲氧嘧啶钠、磺胺甲噁唑/甲氧苄啶对气单胞菌的 MIC_{90} 均有不同程度的升高。

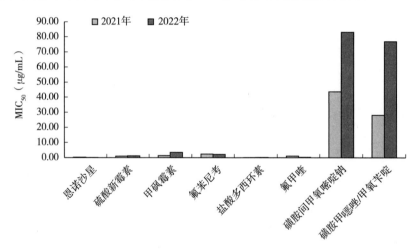

图 2 水产用抗菌药物对气单胞菌属细菌的 MIC_{50} 年度变化

三、分析与建议

本市两个地区分离的气单胞菌属细菌对硫酸新霉素、盐酸多西环素、恩诺沙星比较敏感，可以作为生产中治疗气单胞菌引起的疾病的首选药物。氟甲喹对气单胞菌的 MIC_{90} 从 2021 年的 $60.55\mu g/mL$ 下降到 $9.95\mu g/mL$，也可以在病害发生时根据药敏试验结果作为备选药物使用。

2022 年磺胺间甲氧嘧啶钠和磺胺甲噁唑/甲氧苄啶对分离的气单胞菌属细菌的 MIC_{90} 较 2021 年有所提高；2022 年甲砜霉素对分离的气单胞菌属细菌的 MIC_{90} 虽然较 2021 年有所下降，但使用剂量仍旧处于较高水平。因此，不建议在生产中使用磺胺

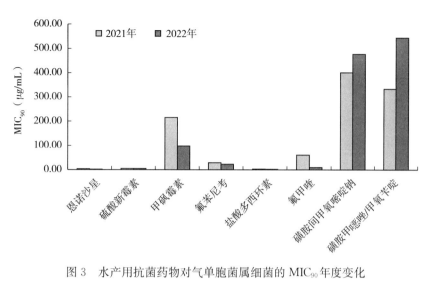

图 3　水产用抗菌药物对气单胞菌属细菌的 MIC_{90} 年度变化

类药物和甲砜霉素。

　　细菌对抗菌药物的敏感性会随着时间、环境、用药等因素发生变化，因此应动态监控细菌对抗菌药物的敏感性才能做到精准用药、科学用药。

2022 年河北省水产养殖动物主要病原菌耐药性监测分析报告

蒋红艳　刘晓丽　贾佩峤　秦亚伟

（河北省水产技术推广总站）

为了解掌握水产养殖主要病原菌对水产用抗菌药物的耐药性情况及变化规律，指导科学使用水产用抗菌药物，提高细菌性疾病防控成效，推动水产养殖业绿色高质量发展，河北地区重点从中华鳖、牙鲆两种养殖品种中分离得到气单胞菌属及弧菌属病原菌，并测定其对 8 种水产用抗菌药物的敏感性，具体结果如下。

一、材料和方法

1. 样品采集

2022 年，按品种分别选定河北省 3 个水产养殖场为样品采集地点，样品采集品种为中华鳖和牙鲆。4—10 月，每月采样 1 次，共采集中华鳖样品数量 68 个，牙鲆样品数量 47 尾。采样的总体原则为：每月尽可能采集以出现病症的活体为主，送至实验室进行无菌操作分离病原菌。

2. 病原菌分离筛选

选取出现典型病症的个体进行解剖，由病灶部位用接种环蘸取组织划线接种于 LB 培养基（中华鳖）、TCBS 琼脂培养基（牙鲆）分离细菌；对于无病症样品则由肝、脾、肾、肺、底板进行分离。25℃培养 24～48h，筛选优势菌进一步纯化。

3. 病原菌鉴定及保存

纯化好的细菌用 20％甘油冷冻保存，同时将增殖菌株进行测序鉴定，筛选出细菌进行后续试验。

二、药敏测试结果

1. 病原菌分离鉴定总体情况

2022 年 4—10 月共分离细菌 4 种，自中华鳖分离鉴定出气单胞菌属致病菌 74 株，有嗜水气单胞菌 41 株（55.41％）、维氏气单胞菌 33 株（44.59％）。自牙鲆分离鉴定出弧菌属致病菌 70 株，有溶藻弧菌 37 株（52.86％）、创伤弧菌 33 株（47.14％）。

2. 病原菌对不同抗菌药物的耐药性分析

（1）气单胞菌对水产用抗菌药物的敏感性

通过 8 种水产用抗菌药物对 4—10 月分离到的 74 株气单胞菌的最小抑菌浓度

（MIC）进行测定，来分析 74 株气单胞菌对这些药物的敏感性，结果如表 1、表 2 所示。

（2）弧菌对水产用抗菌药物的敏感性

通过 8 种水产用抗菌药物对 4—10 月分离到的 70 株弧菌的最小抑菌浓度（MIC）进行测定，来分析 70 株弧菌对这些药物的敏感性，结果如表 3、表 4 所示。

3. 耐药性变化情况

2021 年之前河北省水产养殖动物主要病原菌耐药性工作监测采集的样本是衡水地区草鱼和鲤两个品种，而 2022 年采集的样本是秦皇岛地区的牙鲆和石家庄、保定地区的中华鳖。因采集地区和品种发生变化，因此耐药性变化没有可比性。

三、分析与建议

1. 水生动物致病菌药物敏感性分析

从气单胞菌对水产用抗菌药物的敏感性试验结果来看，恩诺沙星、盐酸多西环素和硫酸新霉素对气单胞菌的 MIC 集中在低浓度区，MIC 在 $8\mu g/mL$ 以下，这 3 种水产用抗菌药物可优先考虑用于气单胞菌所引起疾病的治疗和控制。氟甲喹和甲砜霉素对气单胞菌的 MIC 集中在中低浓度区，MIC 为 $0.25\sim16\mu g/mL$，但偶见甲砜霉素的耐药菌株。因此，需结合实际情况，慎重选用此类水产用抗菌药物。磺胺间甲氧嘧啶钠、磺胺甲噁唑/甲氧苄啶和氟苯尼考对气单胞菌的 MIC 分布相对离散，存在敏感菌株的同时也存在一定比例的耐药菌株，在选用此类水产用抗菌药物之前，应将菌株药物敏感性试验结果作为用药剂量的指导依据。

从弧菌对水产用抗菌药物的敏感性试验结果来看，恩诺沙星、盐酸多西环素和硫酸新霉素对弧菌的 MIC 基本集中在低浓度区，恩诺沙星可优先考虑用于弧菌引起疾病的治疗和控制；但弧菌对后两种药物偶见耐药性，后两种水产用抗菌药物应结合实际情况，慎重选用。氟甲喹对弧菌的 MIC 集中在中低浓度区，MIC 为 $0.125\sim16\mu g/mL$，可考虑用于弧菌所引起疾病的治疗和控制。氟苯尼考对弧菌的 MIC 集中在中等浓度区，应根据实际情况谨慎选用。甲砜霉素、磺胺间甲氧嘧啶钠和磺胺甲噁唑/甲氧苄啶对弧菌的 MIC 集中在高浓度区，偶见敏感菌株，但同时也存在一定比例的耐药菌株，不建议选用。

虽然在该地区气单胞菌和弧菌并未引起水生动物大范围发病，但是对多种水产用抗菌药物均有耐药菌株，提示养殖户应提高对该致病菌的警惕。

2. 选择用药建议

中华鳖样本中分离的气单胞菌对恩诺沙星、盐酸多西环素和硫酸新霉素这 3 种水产用抗菌药物较为敏感，在气单胞菌引起发病时应优先使用这 3 种药物；需结合实际情况，慎重选用氟甲喹和甲砜霉素；氟苯尼考和磺胺间甲氧嘧啶钠和磺胺甲噁唑/甲氧苄啶在实际生产中不建议使用。

表 1　7 种水产用抗菌药物对气单胞菌的 MIC 频数分布 (n＝74)

供试药物	MIC$_{50}$ (μg/mL)	MIC$_{90}$ (μg/mL)	不同药物浓度 (μg/mL) 下的菌株数 (株)																	
			≥1 024	512	256	128	64	32	16	8	4	2	1	0.5	0.25	0.125	0.06	0.03	0.015	≤0.008
恩诺沙星	1	4									18	1	19		18	6	5	4	2	1
硫酸新霉素	2	8								12		43	14	4	1					
氟甲喹	2	8							4	12	14	8	6	6	24					
甲砜霉素	4	≥512		15					21		10	7	12	9						
氟苯尼考	8	256		3	7	1	13	7		12		8	21	2						
盐酸多西环素	2	8								17		30	12	5	3	3	4			
磺胺间甲氧嘧啶钠	≥1 024	≥1 024	40	7	4		13		2		8									

表 2　磺胺甲噁唑/甲氧苄啶对气单胞菌的 MIC 频数分布 (n＝74)

供试药物	MIC$_{50}$ (μg/mL)	MIC$_{90}$ (μg/mL)	不同药物浓度 (μg/mL) 下的菌株数 (株)									
			≥608/32	304/16	152/8	76/4	38/2	19/1	9.5/0.5	4.45/0.25	2.4/0.12	≤1.2/0.06
磺胺甲噁唑/甲氧苄啶	304/16	≥608/32	37	12	2				9			14

表 3　7 种水产用抗菌药物对弧菌的 MIC 频数分布 （n＝70）

供试药物	MIC₅₀ (μg/mL)	MIC₉₀ (μg/mL)	不同药物浓度 （μg/mL） 下的菌株数 （株）																	
			≥1 024	512	256	128	64	32	16	8	4	2	1	0.5	0.25	0.125	0.06	0.03	0.015	≤0.008
恩诺沙星	0.125	1											21	6		28	9	5	1	
硫酸新霉素	0.5	4							3		15		10	26	9	7				
氟甲喹	8	16							32	6		1	18		11	2				
甲砜霉素	≥512	≥512		45	4	7	11		2		1									
氟苯尼考	16	128				13	9	13	13	16		4	2							
盐酸多西环素	0.25	4		5	8		1			4	6	4			25	7	23			
磺胺间甲氧嘧啶钠	≥1 024	≥1 024	53		8			4												

表 4　磺胺甲噁唑/甲氧苄啶对弧菌的 MIC 频数分布 （n＝70）

供试药物	MIC₅₀ (μg/mL)	MIC₉₀ (μg/mL)	不同药物浓度 （μg/mL） 下的菌株数 （株）									
			≥608/32	304/16	152/8	76/4	38/2	19/1	9.5/0.5	4.45/0.25	2.4/0.12	≤1.2/0.06
磺胺甲噁唑/甲氧苄啶	≥608/32	≥608/32	55	11	3		1					

牙鲆样本中分离的弧菌对恩诺沙星、盐酸多西环素、硫酸新霉素和氟甲喹这 4 种水产用抗菌药物较为敏感，且恩诺沙星效果优于其他 3 种；对甲砜霉素、磺胺间甲氧嘧啶钠和磺胺甲噁唑/甲氧苄啶敏感性较低，在实际生产中不建议使用；氟苯尼考对弧菌的 MIC 集中在中等浓度区，应根据实际情况谨慎选用。因此，在实际生产中，应结合敏感性试验结果合理使用抗菌药物，避免滥用药物。

2022 年辽宁省水产养殖动物主要病原菌耐药性监测分析报告

徐小雅　郭欣硕　唐治宇　关　丽　罗　靳　郭　楠

（辽宁省现代农业生产基地建设工程中心）

为了解掌握水产养殖动物主要病原菌耐药性情况及变化规律，指导科学使用水产用抗菌药物，提高细菌性病害防控成效，推动渔业绿色高质量发展，辽宁地区重点从大菱鲆养殖品种中分离得到大菱鲆弧菌、大西洋弧菌、溶藻弧菌等病原菌，并测定其对 8 种水产用抗菌药物的敏感性，具体结果如下。

一、材料和方法

1. 样品采集

2022 年 6—8 月，分别从葫芦岛市兴城市永康养殖场、菊花岛水产品有限公司采集具有典型病症的大菱鲆（每家 3 尾），进行现场活体解剖，并记录养殖场当月发病情况、用药信息等。

2. 病原菌分离筛选

无菌条件下，选取肝、脾、肾及其病灶部位分别接种于 TCBS 培养基，28℃±1℃培养 18～24h，观察其菌落特征，挑取可疑的单个菌落，接种于普通营养琼脂培养基上，28℃±1℃培养 18～24h 以得到纯培养物。

3. 病原菌鉴定及保存

将纯化好的菌株穿刺接种于营养琼脂斜面培养基中，28℃±1℃培养 18～24h，封口后送至上海海洋大学进行菌株鉴定。将纯化好的菌株接种于普通营养肉汤中，适宜温度下增菌培养 16～20h 后，分装于 2mL 无菌管中，加灭菌甘油使其含量达 30%，充分混匀，保存于−80℃超低温冰箱中。

二、药敏测试结果

1. 病原菌分离鉴定总体情况

2022 年度共采集大菱鲆 18 尾，接种 TCBS 培养基 60 份，共分离培菌株合计 202 株。其中，弧菌属 82 株，其他菌株 120 株。菌株采集情况详见表 1。由此可见，弧菌属在辽宁省葫芦岛地区不同养殖场、不同月份都有检出，表明其在该地区养殖大菱鲆体内广泛存在，常年均可分离得到，可以得知弧菌可能是引起该地区大菱鲆发病的主要病原菌。

表 1　辽宁省菌株采集信息

取样时间	水温（℃）	大菱鲆（尾）	采集样品（份）	分离菌株（株）	弧菌（株）	其他（株）
06 月 24 日	11～13	6	20	84	27	57
07 月 27 日	14～16	6	20	51	20	31
08 月 16 日	15～17	6	20	67	35	32
合计		18	60	202	82	120

2. 弧菌属菌株鉴定情况

将分离得到的 82 株弧菌属菌株通过分子生物学（PCR）鉴定出 16 个种类，详见表 2。其中，大菱鲆弧菌 12 株，溶藻弧菌 11 株，大西洋弧菌 9 株，卡那罗弧菌 9 株，嗜环弧菌 8 株，其他 33 株。从表 2 可以看出，大菱鲆弧菌在各个月份都有检出，提示葫芦岛地区养殖大菱鲆过程中可将大菱鲆弧菌感染的防治作为病害防治的重点。另外，弧菌为条件性致病菌，养殖户在病害防治过程中需要结合临床情况以及发病时菌株分离结果进行科学防治。

表 2　辽宁省 82 株弧菌菌株分离及鉴定结果

单位：株

名称	6 月	7 月	8 月	合计
大菱鲆弧菌	3	3	6	12
溶藻弧菌	2	1	8	11
大西洋弧菌	5	3	1	9
卡那罗弧菌	0	1	8	9
嗜环弧菌	5	2	1	8
蛤弧菌	3	4	0	7
托兰宗弧菌	2	3	1	6
牙鲆肠弧菌	2	0	4	6
中华弧菌	3	1	1	5
留萌弧菌	2	0	0	2
灿烂弧菌	0	0	2	2
塔斯马尼亚弧菌	0	1	0	1
杀对虾弧菌	0	0	1	1
产黄弧菌	0	0	1	1
长牡蛎弧菌	0	1	0	1
斜纹弧菌	0	0	1	1
合计	27	20	35	82

3. 病原菌耐药性分析

（1）大菱鲆源弧菌耐药性总体情况

从分离得到的 82 株弧菌中选取有代表性的 72 株，用 8 种水产用抗菌药物药敏试剂板对其进行药物敏感性试验，结果见表 3。可以看出，大菱鲆源弧菌对恩诺沙星、盐酸多西环素、磺胺间甲氧嘧啶钠较耐药率较低，分别为 7%、4%、7%；对磺胺甲噁唑/甲氧苄啶、硫酸新霉素耐药率也偏低，分别为 19%、14%；对氟苯尼考、甲砜霉素、氟甲喹耐药率较高，分别为 32%、78%、61%。各种抗菌药物对弧菌属的 MIC 频数分布情况详见表 4 至表 9。

表 3　大菱鲆源弧菌耐药性监测总体情况（$n=72$）

单位：μg/mL

供试药物	MIC_{50}	MIC_{90}	耐药率	中介率	敏感率	耐药性判定参考值		
						耐药折点	中介折点	敏感折点
恩诺沙星	0.13	1.11	7%	15%	78%	≥4	—	≤0.5
氟苯尼考	2.88	25.81	32%	14%	54%	≥8	4	≤2
盐酸多西环素	0.17	2.67	4%	3%	93%	≥16	8	≤4
磺胺间甲氧嘧啶钠	9.16	207.67	7%	/	93%	≥512	—	≤256
磺胺甲噁唑/甲氧苄啶	2.61/0.13	77.9/4.12	19%	/	81%	≥76/4	—	≤38/2
硫酸新霉素*	0.31	2.17	14%	/	/	≥4	—	—
甲砜霉素*	5.20	109.43	78%	/	/	≥2	—	—
氟甲喹*	0.40	5.85	61%	/	/	≥0.5	—	—

注："—"表示无折点；"*"表示参考该药物临床临界值。

表 4　恩诺沙星对弧菌属的 MIC 频数分布（$n=72$）

供试药物	不同药物浓度（μg/mL）下的菌株数（株）											
	≥16	8	4	2	1	0.5	0.25	0.125	0.06	0.03	0.015	≤0.008
恩诺沙星			5	5	6	3	10	13	13	4	2	5

表 5　盐酸多西环素对弧菌属的 MIC 频数分布（$n=72$）

供试药物	不同药物浓度（μg/mL）下的菌株数（株）											
	128	64	32	16	8	4	2	1	0.5	0.25	0.125	≤0.06
盐酸多西环素			3	2	9	3	3	9	10	11		22

表 6　硫酸新霉素、氟甲喹对弧菌属的 MIC 频数分布（$n=72$）

供试药物	不同药物浓度（μg/mL）下的菌株数（株）											
	≥256	128	64	32	16	8	4	2	1	0.5	0.25	≤0.125
硫酸新霉素						4	6	7	8	18	7	22
氟甲喹			1	1	5	6	5	3	9	14	7	21

表7 甲砜霉素、氟苯尼考对弧菌属的 MIC 频数分布（$n=72$）

供试药物	不同药物浓度（μg/mL）下的菌株数（株）											
	≥512	256	128	64	32	16	8	4	2	1	0.5	≤0.25
甲砜霉素	3	4	8	7	3	1	6	8	16	9	1	6
氟苯尼考	1		3	3	6		5	10	25	8	1	5

表8 磺胺间甲氧嘧啶钠对弧菌属的 MIC 频数分布（$n=72$）

供试药物	不同药物浓度（μg/mL）下的菌株数（株）									
	1 024	512	256	128	64	32	16	8	4	≤2
磺胺间甲氧嘧啶钠	2	3	5	8	10	6	4	6	3	25

表9 磺胺甲噁唑/甲氧苄啶对弧菌属的 MIC 频数分布（$n=72$）

供试药物	不同药物浓度（μg/mL）下的菌株数（株）									
	≥608/32	304/16	152/8	76/4	38/2	19/1	9.5/0.5	4.8/0.25	2.4/0.12	≤1.2/0.06
磺胺甲噁唑/甲氧苄啶	1	4	5	4	4	2	10	5	9	28

（2）不同种类病原菌的耐药性情况

根据不同种类病原菌 2022 年分离的数量以及历年情况，选取大菱鲆弧菌、溶藻弧菌、嗜环弧菌、大西洋弧菌这 4 种有代表性的病原菌进行耐药性分析，得知大菱鲆弧菌、溶藻弧菌、嗜环弧菌、大西洋弧菌对恩诺沙星、盐酸多西环素、磺胺间甲氧嘧啶钠较敏感，耐药率较低；对甲砜霉素产生了耐药性，耐药率较高；总体耐药情况详见表 10。

表10 不同种类病原菌总体耐药性情况

供试药物	MIC_{90}（μg/mL）				耐药率（%）			
	大菱鲆弧菌	溶藻弧菌	嗜环弧菌	大西洋弧菌	大菱鲆弧菌	溶藻弧菌	嗜环弧菌	大西洋弧菌
恩诺沙星	1.20	0.51	0.12	0.54	0	0	0	0
氟苯尼考	16.05	6.56	15.61	4.04	42	25	29	0
盐酸多西环素	1.12	0.16	0.69	0.47	8	0	14	0
硫酸新霉素	2.37	7.84	0.47	2.27	17	50	0	14
甲砜霉素	147.65	5.60	15.61	30.30	83	100	86	86
氟甲喹	5.81	1.52	0.46	3.79	67	75	29	71
磺胺间甲氧嘧啶钠	449.88	81.2	11.08	50.10	8	0	0	0
磺胺甲噁唑/甲氧苄啶	243/13.01	7.54/0.39	2.50/0.13	11.12/0.58	42	0	0	0

①大菱鲆弧菌对水产用抗菌药物的感受性

各种水产用抗菌药物对 12 株大菱鲆弧菌的 MIC 频数分布如表 11 至表 16 所示，

可以看出恩诺沙星对大菱鲆弧菌的 MIC 均在 $2\mu g/mL$ 以下；盐酸多西环素对大菱鲆弧菌的 MIC 主要集中在 $0.5\mu g/mL$ 以下；磺胺间甲氧嘧啶钠对大菱鲆弧菌的 MIC 主要分布在 $\leqslant 2 \sim 8\mu g/mL$、$64 \sim 256\mu g/mL$ 这 2 个区间；硫酸新霉素对大菱鲆弧菌的 MIC 主要集中在 $0.5\mu g/mL$ 以下；氟苯尼考对大菱鲆弧菌的 MIC 主要集中在 $0.5 \sim 8\mu g/mL$；磺胺甲噁唑/甲氧苄啶对 7 株大菱鲆弧菌的 MIC 集中在 $\leqslant 1.2/0.06 \sim 4.8/0.25\mu g/mL$，对另 5 株大菱鲆弧菌的 MIC 为 $152/8\mu g/mL$；甲砜霉素、氟甲喹对大菱鲆弧菌的 MIC 分布较为离散。结合表 10，可以看出大菱鲆弧菌对恩诺沙星、盐酸多西环素、硫酸新霉素比较敏感。

表 11 恩诺沙星对大菱鲆弧菌的 MIC 频数分布（$n=12$）

供试药物	MIC_{50} ($\mu g/mL$)	MIC_{90} ($\mu g/mL$)	不同药物浓度（$\mu g/mL$）下的菌株数（株）											
			$\geqslant 16$	8	4	2	1	0.5	0.25	0.125	0.06	0.03	0.015	$\leqslant 0.008$
恩诺沙星	0.18	1.20				1	3	2	1		3	1		1

表 12 盐酸多西环素对大菱鲆弧菌的 MIC 频数分布（$n=12$）

供试药物	MIC_{50} ($\mu g/mL$)	MIC_{90} ($\mu g/mL$)	不同药物浓度（$\mu g/mL$）下的菌株数（株）											
			128	64	32	16	8	4	2	1	0.5	0.25	0.125	$\leqslant 0.06$
盐酸多西环素	0.08	1.12					1				3	1	2	5

表 13 硫酸新霉素、氟甲喹对大菱鲆弧菌的 MIC 频数分布（$n=12$）

供试药物	MIC_{50} ($\mu g/mL$)	MIC_{90} ($\mu g/mL$)	不同药物浓度（$\mu g/mL$）下的菌株数（株）											
			$\geqslant 256$	128	64	32	16	8	4	2	1	0.5	0.25	$\leqslant 0.125$
硫酸新霉素	0.19	2.37						2				3	3	4
氟甲喹	0.71	5.81				2		2			1	3	4	

表 14 甲砜霉素、氟苯尼考对大菱鲆弧菌的 MIC 频数分布（$n=12$）

供试药物	MIC_{50} ($\mu g/mL$)	MIC_{90} ($\mu g/mL$)	不同药物浓度（$\mu g/mL$）下的菌株数（株）											
			$\geqslant 512$	256	128	64	32	16	8	4	2	1	0.5	$\leqslant 0.25$
甲砜霉素	10.10	147.65	1	4					2	1	2	2		
氟苯尼考	2.85	16.05			1			2	2	1	3	2	1	

表 15 磺胺间甲氧嘧啶钠对大菱鲆弧菌的 MIC 频数分布（$n=12$）

供试药物	MIC_{50} ($\mu g/mL$)	MIC_{90} ($\mu g/mL$)	不同药物浓度（$\mu g/mL$）下的菌株数（株）									
			1 024	512	256	128	64	32	16	8	4	$\leqslant 2$
磺胺间甲氧嘧啶钠	17.26	449.88		1	2	3	1		1			4

表 16　磺胺甲噁唑/甲氧苄啶对大菱鲆弧菌的 MIC 频数分布（n=12）

供试药物	MIC$_{50}$ (μg/mL)	MIC$_{90}$ (μg/mL)	不同药物浓度（μg/mL）下的菌株数（株）								
			≥608/32	304/16	152/8	76/4	38/2	19/1	9.5/0.5	4.8/0.25	2.4/0.12	≤1.2/0.06
磺胺甲噁唑/甲氧苄啶	4.89/0.25	243/13.01			5					2		5

②溶藻弧菌对水产用抗菌药物的感受性

各种水产用抗菌药物对 8 株溶藻弧菌的 MIC 频数分布如表 17 至表 22 所示，可以看出恩诺沙星对溶藻弧菌的 MIC 均在 0.5μg/mL 以下；盐酸多西环素对溶藻弧菌的 MIC 均在 0.25μg/mL 以下；磺胺间甲氧嘧啶钠对溶藻弧菌的 MIC 分布在 ≤2~128μg/mL；磺胺甲噁唑/甲氧苄啶对溶藻弧菌的 MIC 在 9.5/0.5μg/mL 以下；硫酸新霉素对 4 株溶藻弧菌的 MIC 在 2μg/mL 以下，对另 4 株的 MIC 在 4~8μg/mL；氟苯尼考对 6 株溶藻弧菌的 MIC 主要集中在 2~4μg/mL，对另 2 株的 MIC 为 8~16μg/mL；甲砜霉素对溶藻弧菌 MIC 集中分布在 2~8μg/mL；氟甲喹对溶藻弧菌的 MIC 在 2μg/mL 以下。结合表 10，可以看出溶藻弧菌对恩诺沙星、盐酸多西环素、氟甲喹、磺胺甲噁唑/甲氧苄啶敏感。

表 17　恩诺沙星对溶藻弧菌的 MIC 频数分布（n=8）

供试药物	MIC$_{50}$ (μg/mL)	MIC$_{90}$ (μg/mL)	不同药物浓度（μg/mL）下的菌株数（株）										
			≥16	8	4	2	1	0.5	0.25	0.125	0.06	0.03	0.015	≤0.008
恩诺沙星	0.14	0.51						4	1	1	1	1		

表 18　盐酸多西环素对溶藻弧菌的 MIC 频数分布（n=8）

供试药物	MIC$_{50}$ (μg/mL)	MIC$_{90}$ (μg/mL)	不同药物浓度（μg/mL）下的菌株数（株）										
			128	64	32	16	8	4	2	1	0.5	0.25	0.125	≤0.06
盐酸多西环素	0.07	0.16										2	2	4

表 19　硫酸新霉素、氟甲喹对溶藻弧菌的 MIC 频数分布（n=8）

供试药物	MIC$_{50}$ (μg/mL)	MIC$_{90}$ (μg/mL)	不同药物浓度（μg/mL）下的菌株数（株）										
			≥256	128	64	32	16	8	4	2	1	0.5	0.25	≤0.125
硫酸新霉素	0.89	7.84						2	2	1		1		2
氟甲喹	0.40	1.52								2	2	2		2

表 20　甲砜霉素、氟苯尼考对溶藻弧菌的 MIC 频数分布（n=8）

供试药物	MIC$_{50}$ (μg/mL)	MIC$_{90}$ (μg/mL)	不同药物浓度（μg/mL）下的菌株数（株）										
			≥512	256	128	64	32	16	8	4	2	1	0.5	≤0.25
甲砜霉素	2.82	5.60							3	2	3			
氟苯尼考	2.67	6.46						1	1	2	4			

表 21 磺胺间甲氧嘧啶钠对溶藻弧菌的 MIC 频数分布（$n=8$）

供试药物	MIC$_{50}$ (μg/mL)	MIC$_{90}$ (μg/mL)	不同药物浓度（μg/mL）下的菌株数（株）									
			1 024	512	256	128	64	32	16	8	4	$\leqslant$2
磺胺间甲氧嘧啶钠	7.81	81.20				1	2		2			3

表 22 磺胺甲噁唑/甲氧苄啶对溶藻弧菌的 MIC 频数分布（$n=8$）

供试药物	MIC$_{50}$ (μg/mL)	MIC$_{90}$ (μg/mL)	不同药物浓度（μg/mL）下的菌株数（株）								
			$\geqslant$608/32	304/16	152/8	76/4	38/2	19/1	9.5/0.5	4.8/0.25	2.4/0.12	$\leqslant$1.2/0.06
磺胺甲噁唑/甲氧苄啶	2.47/0.13	7.54/0.39							3	1	2	2

③嗜环弧菌对水产用抗菌药物的感受性

各种水产用抗菌药物对 7 株嗜环弧菌的 MIC 频数分布如表 23 至表 28 所示，可以看出恩诺沙星对嗜环弧菌的 MIC 均在 0.25μg/mL 以下；硫酸新霉素对嗜环弧菌的 MIC 均在 0.5μg/mL 以下；磺胺甲噁唑/甲氧苄啶对嗜环弧菌的 MIC 在 $4.8/0.25\mu$g/mL 以下；磺胺间甲氧嘧啶钠对嗜环弧菌的 MIC 分布在 $\leqslant$2～32μg/mL；盐酸多西环素对嗜环弧菌的 MIC 值主要分布在 $\leqslant$0.06～0.5μg/mL；甲砜霉素、氟苯尼考对 5 株嗜环弧菌的 MIC 均为 1～2μg/mL，对另 2 株的 MIC 均为 32μg/mL；氟甲喹对嗜环弧菌的 MIC 均在 1μg/mL 以下。结合表 10，可以看出溶藻弧菌对恩诺沙星、硫酸新霉素、磺胺甲噁唑/甲氧苄啶非常敏感，对盐酸多西环素比较敏感。

表 23 恩诺沙星对嗜环弧菌的 MIC 频数分布（$n=7$）

供试药物	MIC$_{50}$ (μg/mL)	MIC$_{90}$ (μg/mL)	不同药物浓度（μg/mL）下的菌株数（株）										
			$\geqslant$16	8	4	2	1	0.5	0.25	0.125	0.06	0.03	0.015	$\leqslant$0.008
恩诺沙星	0.04	0.12							1	2		3	1	

表 24 盐酸多西环素对嗜环弧菌的 MIC 频数分布（$n=7$）

供试药物	MIC$_{50}$ (μg/mL)	MIC$_{90}$ (μg/mL)	不同药物浓度（μg/mL）下的菌株数（株）									
			128	64	32	16	8	4	2	1	0.5	0.25	0.125	$\leqslant$0.06
盐酸多西环素	0.10	0.69							1		1		3	2

表 25 硫酸新霉素、氟甲喹对嗜环弧菌的 MIC 频数分布（$n=7$）

供试药物	MIC$_{50}$ (μg/mL)	MIC$_{90}$ (μg/mL)	不同药物浓度（μg/mL）下的菌株数（株）									
			$\geqslant$256	128	64	32	16	8	4	2	1	0.5	0.25	$\leqslant$0.125
硫酸新霉素	0.24	0.47										4	2	1
氟甲喹	0.08	0.46									1	1		5

表 26　甲砜霉素、氟苯尼考对嗜环弧菌的 MIC 频数分布 （n＝7）

供试药物	MIC₅₀ (μg/mL)	MIC₉₀ (μg/mL)	不同药物浓度 （μg/mL） 下的菌株数 （株）											
			≥512	256	128	64	32	16	8	4	2	1	0.5	≤0.25
甲砜霉素	2.93	15.61						2			4	1		
氟苯尼考	2.93	15.61						2			4	1		

表 27　磺胺间甲氧嘧啶钠对嗜环弧菌的 MIC 频数分布 （n＝7）

供试药物	MIC₅₀ (μg/mL)	MIC₉₀ (μg/mL)	不同药物浓度 （μg/mL） 下的菌株数 （株）									
			1 024	512	256	128	64	32	16	8	4	≤2
磺胺间甲氧嘧啶钠	1.07	11.08						1		1		5

表 28　磺胺甲噁唑/甲氧苄啶对嗜环弧菌的 MIC 频数分布 （n＝7）

供试药物	MIC₅₀ (μg/mL)	MIC₉₀ (μg/mL)	不同药物浓度 （μg/mL） 下的菌株数 （株）									
			≥608/32	304/16	152/8	76/4	38/2	19/1	9.5/0.5	4.8/0.25	2.4/0.12	≤1.2/0.06
磺胺甲噁唑/甲氧苄啶	1.11/0.06	2.50/0.13								1	2	4

④大西洋弧菌对水产用抗菌药物的感受性

各种水产用抗菌药物对 7 株大西洋弧菌的 MIC 频数分布如表 29 至表 34 所示，可以看出恩诺沙星对大西洋弧菌的 MIC 均在 2μg/mL 以下，大部分集中在 0.06～0.125μg/mL；盐酸多西环素对大西洋弧菌的 MIC 均在 0.5μg/mL 以下；氟苯尼考对大西洋弧菌的 MIC 集中分布在≤0.25～4μg/mL；硫酸新霉素对 6 株大西洋弧菌的 MIC 为≤0.125～2μg/mL，仅对 1 株的 MIC 为 4μg/mL；磺胺甲噁唑/甲氧苄啶对大西洋弧菌的 MIC 集中分布在≤1.2/0.06～19/1μg/mL；磺胺间甲氧嘧啶钠对大西洋弧菌的 MIC 均分布在≤2～64μg/mL；甲砜霉素对大西洋弧菌的 MIC 分布较离散，对 4 株的 MIC 为 2～4μg/mL，对 1 株的 MIC 为≤0.25μg/mL，对另 2 株的 MIC 分布在 32～64μg/mL；氟甲喹对 5 株大西洋弧菌的 MIC 为 0.5～8μg/mL 之间，对另 2 株的 MIC 为≤0.125μg/mL。结合表 10，可以看出大西洋弧菌对恩诺沙星、盐酸多西环、硫酸新霉素比较敏感。

表 29　恩诺沙星对大西洋弧菌的 MIC 频数分布 （n＝7）

供试药物	MIC₅₀ (μg/mL)	MIC₉₀ (μg/mL)	不同药物浓度 （μg/mL） 下的菌株数 （株）											
			≥16	8	4	2	1	0.5	0.25	0.125	0.06	0.03	0.015	≤0.008
恩诺沙星	0.07	0.54					1			2	3			1

表 30　盐酸多西环素对大西洋弧菌的 MIC 频数分布（n＝7）

供试药物	MIC$_{50}$ （μg/mL）	MIC$_{90}$ （μg/mL）	不同药物浓度（μg/mL）下的菌株数（株）											
			128	64	32	16	8	4	2	1	0.5	0.25	0.125	≤0.06
盐酸多西环素	0.15	0.47									3	2		2

表 31　硫酸新霉素、氟甲喹对大西洋弧菌的 MIC 频数分布（n＝7）

供试药物	MIC$_{50}$ （μg/mL）	MIC$_{90}$ （μg/mL）	不同药物浓度（μg/mL）下的菌株数（株）											
			≥256	128	64	32	16	8	4	2	1	0.5	0.25	≤0.125
硫酸新霉素	0.62	2.27							1	1	3	1		1
氟甲喹	0.45	3.79						1	1		1	2		2

表 32　甲砜霉素、氟苯尼考对大西洋弧菌的 MIC 频数分布（n＝7）

供试药物	MIC$_{50}$ （μg/mL）	MIC$_{90}$ （μg/mL）	不同药物浓度（μg/mL）下的菌株数（株）											
			≥512	256	128	64	32	16	8	4	2	1	0.5	≤0.25
甲砜霉素	3.28	30.30			1		1			3	1			1
氟苯尼考	1.22	4.04								3	2	1		1

表 33　磺胺间甲氧嘧啶钠对大西洋弧菌的 MIC 频数分布（n＝7）

供试药物	MIC$_{50}$ （μg/mL）	MIC$_{90}$ （μg/mL）	不同药物浓度（μg/mL）下的菌株数（株）									
			1 024	512	256	128	64	32	16	8	4	≤2
磺胺间甲氧嘧啶钠	6.49	50.10					2	1		1	1	2

表 34　磺胺甲噁唑/甲氧苄啶对大西洋弧菌的 MIC 频数分布（n＝7）

供试药物	MIC$_{50}$ （μg/mL）	MIC$_{90}$ （μg/mL）	不同药物浓度（μg/mL）下的菌株数（株）									
			≥608/32	304/16	152/8	76/4	38/2	19/1	9.5/0.5	4.8/0.25	2.4/0.12	≤1.2/0.06
磺胺甲噁唑/ 甲氧苄啶	2.05/0.10	11.12/0.58						1	2		1	3

4. 耐药性变化

2020—2022 年，8 种水产用抗菌药物对大菱鲆源弧菌的 MIC$_{50}$、MIC$_{90}$ 及菌株耐药率对比如表 35 及图 1 所示。从 MIC$_{90}$ 来看，2022 年，恩诺沙星、硫酸新霉素、盐酸多西环素、甲砜霉素、氟苯尼考对大菱鲆源弧菌的 MIC$_{50}$、MIC$_{90}$ 相对于 2021 年都有了提高，与 2020 年的基本上持平。2022 年，氟甲喹、磺胺间甲氧嘧啶钠对大菱鲆源弧菌的 MIC$_{90}$ 比 2020 年、2021 年有较大提升。2022 年，磺胺甲噁唑/甲氧苄啶对大菱鲆源弧菌的 MIC$_{90}$ 较 2020 年明显下降，较 2021 年有所提升。从耐药率来看，近 3 年来大菱鲆源弧菌对恩诺沙星、盐酸多西环素这 2 种药物基本无明显差异，耐药率较低；对磺胺间甲氧嘧啶钠、磺胺甲噁唑/甲氧苄啶、硫酸新霉素这 3 种也表现出比较高的敏感性；对氟苯尼考也表现出一定的敏感性。2022年，大菱鲆源弧菌对氟甲喹、甲砜霉素的耐药率有大幅度的提升，出现了一定耐药性。2022年度MIC_{50}、MIC_{90}及耐药率较前2年基本上都有所提升，这可能与2022年度采集月份以及抗菌药物使用情况有关，因为2022年度只采集6月、7月、8月的菌株，而这3个月为历年大菱鲆的发病期，从而在一定程度上降低了药物的敏感性。

表35　2020—2022年8种水产抗菌药物对大菱鲆源弧菌的MIC_{50}和MIC_{90}

供试药物	MIC_{50}（μg/mL）			MIC_{90}（μg/mL）		
	2020年	2021年	2022年	2020年	2021年	2022年
恩诺沙星	0.05	0.05	0.13	0.83	0.36	1.11
硫酸新霉素	0.36	0.30	0.31	1.98	1.24	2.17
甲砜霉素	5.79	2.31	5.20	103.10	78.67	109.43
氟苯尼考	3.27	2.33	2.88	32.93	19.79	25.81
盐酸多西环素	0.03	0.01	0.17	1.4	0.72	2.67
氟甲喹	0.01	0.01	0.40	1.55	0.42	5.85
磺胺间甲氧嘧啶钠	23.19	3.76	9.16	162.38	34.35	207.67
磺胺甲噁唑/甲氧苄啶	13.37/2.67	0.72/0.09	2.61/0.13	152.48/30.49	22.76/1.19	77.90/4.12

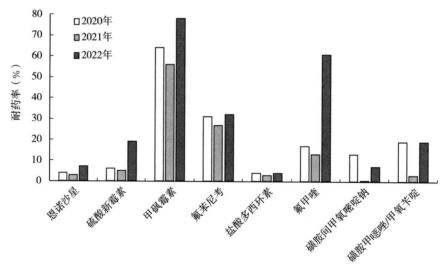

图1　2020—2022年大菱鲆源弧菌对水产用抗菌药物的耐药率

三、分析与建议

从2022年度监测结果来看，大菱鲆源弧菌对恩诺沙星、盐酸多西环素、硫酸新霉素的药物表现出低耐药率，表明这3种药物具有明显的抑制作用，建议在实际生产中可优先考虑使用这几种药物治疗弧菌类疾病；对磺胺间甲氧嘧啶钠、磺胺甲噁唑/

甲氧苄啶的虽表现为较低的耐药率，但较 2021 年有较大提高，可能与实际生产中该种类药物的使用增多有直接关系。2022 年，大菱鲆源弧菌对氟苯尼考的耐药率相对较低，一定程度上也能使用氟苯尼考抑制菌株的生长；对氟甲喹的耐药率与之前相比有明显提高，这可能与之前这类药物使用增多有关；对甲砜霉素表现出一定的耐药性，说明本地菌株可能已经对这类药物产生了抗药性，不建议在生产中使用。

根据此次检测结果，建议今后在养殖生产中使用药物时做到对症下药，滥用或过度使用药物不但不能起到防病治病的作用，反而会造成养殖环境中耐药菌株的增多。根据菌株的药物耐受浓度选用有效治疗浓度，做到用药合理科学。

2022 年江苏省水产养殖动物主要病原菌耐药性监测分析报告

刘肖汉　方　苹　陈　静　吴亚锋

（江苏省渔业技术推广中心）

为指导兽医师科学选择和使用水产用抗菌药物，江苏省渔业技术推广中心于 2022 年 4—10 月从南京、镇江和扬州市人工养殖水产动物体内分离病原菌，并测定其对 8 种水产用抗菌药物的敏感性，具体结果如下。

一、材料与方法

1. 样品采集

2022 年 4—10 月，从 3 个监测点：江苏省南京市通威水产科技有限公司（简称"南京通威"）、江苏省渔业技术推广中心扬中试验示范基地（简称"扬中基地"）和扬州茂发水产养殖有限公司（简称"扬州茂发"），采集游动缓慢或发病的草鱼、鲫，每个品种 3～5 尾。

2. 病原菌分离筛选

常规无菌操作取样本的肝、脾、肾以及其他相关病灶组织，在脑心浸出液固体平板上划线接种，28℃培养过夜。次日，分离优势单菌落进行再培养。

3. 病原菌鉴定及保存

纯化的菌株采用分子生物学的方法进行鉴定。使用细菌 16S rRNA 和气单胞菌属"看家"基因 $gyrB$ 进行种属鉴定，测序比对后确定菌种。保存在含 25% 甘油的脑心浸出液中，冻存于 −80℃ 冰箱。

4. 药敏试验

监测分离菌对硫酸新霉素、氟苯尼考、恩诺沙星、甲砜霉素、盐酸多西环素、氟甲喹、磺胺间甲氧嘧啶钠和磺胺甲噁唑/甲氧苄啶 8 种水产用抗菌药物的耐药性，按照说明书测定最小抑菌浓度（MIC）。

二、药敏测试结果

1. 病原菌分离鉴定总体情况

2022 年从 70 份样品中共分离鉴定出 208 株气单胞菌，其中，维氏气单胞菌 134 株（占总数 64.42%），嗜水气单胞菌 42 株（占总数 20.19%），其他气单胞菌 32 株。

2. 气单胞菌对水产用抗菌药物的敏感性

8 种水产用抗菌药物对 208 株气单胞菌的 MIC 分布结果如表 1 至表 6 所示。恩诺沙星对气单胞菌的 MIC_{50} 最低，为 $0.25\mu g/mL$；其次是盐酸多西环素；氟甲喹、硫酸新霉素、氟苯尼考和甲砜霉素对气单胞菌的 MIC_{50} 也不高，均不超过 $4\mu g/mL$；磺胺间甲氧嘧啶钠的 MIC_{50} 最高，为 $16\mu g/mL$。硫酸新霉素的 MIC_{90} 最低，为 $4\mu g/mL$；其次为恩诺沙星；氟甲喹、甲砜霉素、氟苯尼考、磺胺间甲氧嘧啶钠和磺胺甲噁唑/甲氧苄啶这 5 种抗菌药物对气单胞菌的 MIC_{90} 均达检测上限。

比较 2019—2022 年 8 种水产用抗菌药物对水产动物气单胞菌的 MIC_{90}（图 1），恩诺沙星对气单胞菌的 MIC 呈上升趋势，MIC_{90} 从 $6.25\mu g/mL$ 上升到 $16\mu g/mL$。硫酸新霉素对气单胞菌的 MIC 呈下降趋势，MIC_{90} 从 $25\mu g/mL$ 下降到 $4\mu g/mL$，但总体

表 1　恩诺沙星对气单胞菌的 MIC 频数分布（$n=208$）

供试药物	MIC_{50} ($\mu g/mL$)	MIC_{90} ($\mu g/mL$)	不同药物浓度（$\mu g/mL$）下的菌株数（株）											
			≥16	8	4	2	1	0.5	0.25	0.125	0.06	0.03	0.015	≤0.008
恩诺沙星	0.25	16	22	4	10	9	20	26	28	22	15	7	18	27

表 2　硫酸新霉素和氟甲喹对气单胞菌的 MIC 频数分布（$n=208$）

供试药物	MIC_{50} ($\mu g/mL$)	MIC_{90} ($\mu g/mL$)	不同药物浓度（$\mu g/mL$）下的菌株数（株）											
			≥256	128	64	32	16	8	4	2	1	0.5	0.25	≤0.125
硫酸新霉素	2	4	1			1	1	11	34	82	56	20	2	
氟甲喹	2	≥256	23	1	3	19	13	12	18	18	23	13	8	57

表 3　甲砜霉素和氟苯尼考对气单胞菌的 MIC 频数分布（$n=208$）

供试药物	MIC_{50} ($\mu g/mL$)	MIC_{90} ($\mu g/mL$)	不同药物浓度（$\mu g/mL$）下的菌株数（株）											
			≥512	256	128	64	32	16	8	4	2	1	0.5	≤0.25
甲砜霉素	4	≥512	41	2	10	13	9	8	12	21	35	40	14	3
氟苯尼考	4	≥512	21	2	10	15	16	12	8	30	50	42	2	

表 4　盐酸多西环素对气单胞菌的 MIC 频数分布（$n=208$）

供试药物	MIC_{50} ($\mu g/mL$)	MIC_{90} ($\mu g/mL$)	不同药物浓度（$\mu g/mL$）下的菌株数（株）											
			≥128	64	32	16	8	4	2	1	0.5	0.25	0.125	≤0.06
盐酸多西环素	0.5	64	18	6	2	4	9	16	9	24	32	25	29	34

表 5　磺胺间甲氧嘧啶钠对气单胞菌 MIC 频数分布（$n=208$）

供试药物	MIC_{50} ($\mu g/mL$)	MIC_{90} ($\mu g/mL$)	不同药物浓度（$\mu g/mL$）下的菌株数（株）									
			≥1 024	512	256	128	64	32	16	8	4	≤2
磺胺间甲氧嘧啶钠	16	≥1 024	50		3	11	4	30	47	39	18	6

表6 磺胺甲噁唑/甲氧苄啶对气单胞菌的 MIC 频数分布 (n=208)

供试药物	MIC$_{50}$ (μg/mL)	MIC$_{90}$ (μg/mL)	不同药物浓度 (μg/mL) 下的菌株数 (株)									
			≥608/32	304/16	152/8	76/4	38/2	19/1	9.5/0.5	4.8/0.25	2.4/0.12	≤1.2/0.06
磺胺甲噁唑/甲氧苄啶	9.5/0.5	≥608/32	44	3	5	8	6	19	35	52	28	8

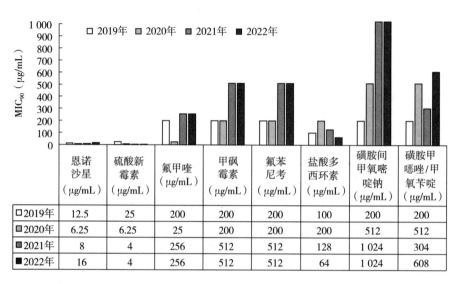

图1 2019—2022 年 8 种水产用抗菌药物对水产动物气单胞菌的 MIC$_{90}$

上这两种抗菌药物对气单胞菌的 MIC$_{90}$ 始终保持在较低水平。盐酸多西环素对气单胞菌的 MIC 呈下降趋势，MIC$_{90}$ 从检测上限下降到 64μg/mL，而对于其余 5 种抗菌药物，因检测上限调整，MIC$_{90}$ 也发生了一定变化，但 4 年来 MIC$_{90}$ 始终保持在到达或者趋近检测上限的水平，总体耐药情况依然严峻。

3. 不同气单胞菌对水产用抗菌药物的敏感性

（1）嗜水气单胞菌对水产用抗菌药物的敏感性

嗜水气单胞菌是引起水产养殖动物细菌性疾病的主要病原菌之一。从 8 种水产用抗菌药物对 42 株嗜水气单胞菌的 MIC 分布情况（表7 至表12）可知，恩诺沙星对嗜水气单胞菌的 MIC$_{50}$、MIC$_{90}$ 分别为 0.06μg/mL、0.5μg/mL；磺胺间甲氧嘧啶钠、磺胺甲噁唑/甲氧苄啶对嗜水气单胞菌的 MIC$_{50}$ 分别为 32μg/mL、38/2μg/mL，MIC$_{90}$ 均达检测上限。

表7 恩诺沙星对嗜水气单胞菌的 MIC 频数分布 (n=42)

供试药物	MIC$_{50}$ (μg/mL)	MIC$_{90}$ (μg/mL)	不同药物浓度 (μg/mL) 下的菌株数 (株)											
			≥16	8	4	2	1	0.5	0.25	0.125	0.06	0.03	0.015	≤0.008
恩诺沙星	0.06	0.5	2		1			5	7	5	6	5	8	3

表 8　硫酸新霉素和氟甲喹对嗜水气单胞菌的 MIC 频数分布（n＝42）

供试药物	MIC$_{50}$ （μg/mL）	MIC$_{90}$ （μg/mL）	不同药物浓度（μg/mL）下的菌株数（株）											
			≥256	128	64	32	16	8	4	2	1	0.5	0.25	≤0.125
硫酸新霉素	1	4						4	6	10	15	6	1	
氟甲喹	2	64	2	1	3	2	1	3	6	5		1	1	17

表 9　甲砜霉素和氟苯尼考对嗜水气单胞菌的 MIC 频数分布（n＝42）

供试药物	MIC$_{50}$ （μg/mL）	MIC$_{90}$ （μg/mL）	不同药物浓度（μg/mL）下的菌株数（株）										
			≥512	256	128	64	32	16	8	4	2	1	0.5	≤0.25
甲砜霉素	4	16	2			1		3	7	9	14	5	1	
氟苯尼考	2	8	2				2		1	14	20	3		

表 10　盐酸多西环素对嗜水气单胞菌的 MIC 频数分布（n＝42）

供试药物	MIC$_{50}$ （μg/mL）	MIC$_{90}$ （μg/mL）	不同药物浓度（μg/mL）下的菌株数（株）										
			≥128	64	32	16	8	4	2	1	0.5	0.25	0.125	≤0.06
盐酸多西环素	0.5	1	2					1	1	4	14	9	5	6

表 11　磺胺间甲氧嘧啶钠对嗜水气单胞菌的 MIC 频数分布（n＝42）

供试药物	MIC$_{50}$ （μg/mL）	MIC$_{90}$ （μg/mL）	不同药物浓度（μg/mL）下的菌株数（株）								
			≥1 024	512	256	128	64	32	16	8	4	≤2
磺胺间甲氧嘧啶钠	32	≥1 024	13		5	3	3	6	11	1		

表 12　磺胺甲噁唑/甲氧苄啶对嗜水气单胞菌的 MIC 频数分布（n＝42）

供试药物	MIC$_{50}$ （μg/mL）	MIC$_{90}$ （μg/mL）	不同药物浓度（μg/mL）下的菌株数（株）									
			≥608/32	304/16	152/8	76/4	38/2	19/1	9.5/0.5	4.8/0.25	2.4/0.12	≤1.2/0.06
磺胺甲噁唑/甲氧苄啶	38/2	≥608/32	13		1	6	2	3	5		8	4

（2）维氏气单胞菌对水产用抗菌药物的敏感性

8 种水产用抗菌药物对 134 株维氏气单胞菌的 MIC 分布情况如表 13 至表 18 所示，由表可知恩诺沙星和盐酸多西环素对维氏气单胞菌的 MIC$_{50}$ 分别为 0.5μg/mL、1μg/mL，但恩诺沙星的 MIC$_{90}$ 达检测上限；氟甲喹、甲砜霉素、氟苯尼考和 2 种磺胺类药物对维氏气单胞菌的 MIC$_{90}$ 均达检测上限。

表 13　恩诺沙星对维氏气单胞菌的 MIC 频数分布（n＝134）

供试药物	MIC$_{50}$ （μg/mL）	MIC$_{90}$ （μg/mL）	不同药物浓度（μg/mL）下的菌株数（株）										
			≥16	8	4	2	1	0.5	0.25	0.125	0.06	0.03	0.015	≤0.008
恩诺沙星	0.5	16	17	2	9	9	14	19	16	14	6	2	5	21

表 14　硫酸新霉素和氟甲喹对维氏气单胞菌的 MIC 频数分布（n=134）

供试药物	MIC50 (μg/mL)	MIC90 (μg/mL)	不同药物浓度（μg/mL）下的菌株数（株）											
			≥256	128	64	32	16	8	4	2	1	0.5	0.25	≤0.125
硫酸新霉素	2	4				1	1	6	23	63	31	8	1	
氟甲喹	2	≥256	18			14	9	8	8	12	19	9	6	31

表 15　甲砜霉素和氟苯尼考对维氏气单胞菌的 MIC 频数分布（n=134）

供试药物	MIC50 (μg/mL)	MIC90 (μg/mL)	不同药物浓度（μg/mL）下的菌株数（株）											
			≥512	256	128	64	32	16	8	4	2	1	0.5	≤0.25
甲砜霉素	8	≥512	36	1	8	7	8	4	4	7	15	31	10	3
氟苯尼考	4	≥512	17	2	10	13	9	11	4	12	21	33	2	

表 16　盐酸多西环素对维氏气单胞菌的 MIC 频数分布（n=134）

供试药物	MIC50 (μg/mL)	MIC90 (μg/mL)	不同药物浓度（μg/mL）下的菌株数（株）											
			≥128	64	32	16	8	4	2	1	0.5	0.25	0.125	≤0.06
盐酸多西环素	1	64	13	6	2	3	7	14	7	19	11	15	14	23

表 17　磺胺间甲氧嘧啶钠对维氏气单胞菌的 MIC 频数分布（n=134）

供试药物	MIC50 (μg/mL)	MIC90 (μg/mL)	不同药物浓度（μg/mL）下的菌株数（株）									
			≥1 024	512	256	128	64	32	16	8	4	≤2
磺胺间甲氧嘧啶钠	16	≥1 024	30		3	5	1	20	37	23	10	5

表 18　磺胺甲噁唑/甲氧苄啶对维氏气单胞菌的 MIC 频数分布（n=134）

供试药物	MIC50 (μg/mL)	MIC90 (μg/mL)	不同药物浓度（μg/mL）下的菌株数（株）									
			≥608/32	304/16	152/8	76/4	38/2	19/1	9.5/0.5	4.8/0.25	2.4/0.12	≤1.2/0.06
磺胺甲噁唑/甲氧苄啶	9.5/0.5	≥608/32	24	3	4	2	3	13	25	37	16	7

(3) 其他气单胞菌对水产用抗菌药物的敏感性

其他气单胞菌也是引起水生动物肠炎等疾病的致病细菌。其他气单胞菌对恩诺沙星较敏感，而对磺胺间甲氧嘧啶钠、磺胺甲噁唑/甲氧苄啶相对耐药。

比较不同气单胞菌对水产用抗菌药物的敏感性，结果如表 19 所示。从 MIC50 角度分析，嗜水气单胞菌和其他气单胞菌对恩诺沙星最敏感；而对于硫酸新霉素、氟甲喹、甲砜霉素、氟苯尼考和 2 种磺胺类药物，气单胞菌属间相差不大。从 MIC90 角度分析，嗜水气单胞菌对恩诺沙星和盐酸多西环素敏感。总体耐药性表现为：维氏气单胞菌＞其他气单胞菌＞嗜水气单胞菌。近年来维氏气单胞菌引起的细菌性疾病在江苏省水产养殖中时有发生，需要持续关注。恩诺沙星和硫酸新霉素对不同种的气单胞菌

的 MIC_{50}、MIC_{90} 较低，表明这两种药物可以作为治疗江苏省水产养殖动物气单胞菌感染的首选药物。

表 19　8 种抗菌药物对不同气单胞菌的 MIC_{50} 和 MIC_{90}　（μg/mL）

供试药物	MIC_{50}			MIC_{90}		
	维氏气单胞菌	嗜水气单胞菌	其他气单胞菌	维氏气单胞菌	嗜水气单胞菌	其他气单胞菌
恩诺沙星	0.5	0.06	0.25	16	0.5	8
硫酸新霉素	2	1	1	4	4	4
氟甲喹	2	2	1	≥256	64	32
甲砜霉素	8	4	4	≥512	16	256
氟苯尼考	4	2	4	≥512	8	64
盐酸多西环素	1	0.5	0.25	64	1	16
磺胺间甲氧嘧啶钠	16	32	16	≥1 024	≥1 024	≥1 024
磺胺甲噁唑/甲氧苄啶	9.5/0.5	38/2	4.8/0.25	≥608/32	≥608/32	≥608/32

4. 试点养殖场气单胞菌对水产用抗菌药物的敏感性

比较 3 个试点养殖场的气单胞菌对 8 种水产用抗菌药物的敏感性，结果见表 20。恩诺沙星、甲砜霉素、盐酸多西环素和氟甲喹对扬中基地气单胞菌的 MIC_{50}、MIC_{90} 均高于其他基地，氟苯尼考对扬中基地的气单胞菌的 MIC_{90} 也较高。3 个对硫酸新霉素的耐药性差别不大。总体来看，扬中基地的气单胞菌耐药性要高于其他试点，表明不同养殖场的用药习惯对菌株的耐药性有一定影响。

表 20　8 种水产用抗菌药物对不同试点气单胞菌的 MIC_{50} 和 MIC_{90}　（μg/mL）

供试药物	MIC_{50}			MIC_{90}		
	扬中基地	南京通威	扬州茂发	扬中基地	南京通威	扬州茂发
恩诺沙星	0.5	0.25	0.125	16	4	0.25
硫酸新霉素	2	2	2	8	4	4
甲砜霉素	16	1	4	256	16	8
氟苯尼考	4	4	2	≥512	≥512	4
盐酸多西环素	4	4	2	≥512	64	8
氟甲喹	1	0.5	0.5	128	4	1
磺胺间甲氧嘧啶钠	32	16	≥1 024	≥1 024	≥1 024	≥1 024
磺胺甲噁唑/甲氧苄啶	9.5/0.5	4.8/0.25	≥608/32	≥608/32	≥608/32	≥608/32

5. 2016—2022 年恩诺沙星和氟苯尼考对气单胞菌的 MIC 变化

比较 2016—2021 年恩诺沙星和氟苯尼考对试点养殖场气单胞菌分离株的 MIC 变化趋势，结果见图 2、表 21。近年来，恩诺沙星对气单胞菌的 MIC_{50} 始终保持较低水平，最高也仅为 $6.25\mu g/mL$，总体呈现出先上升后下降的趋势；MIC_{90} 较高，最高达 $16\mu g/mL$，在近两年开始有上升趋势，需要警惕耐药性的进一步提高。

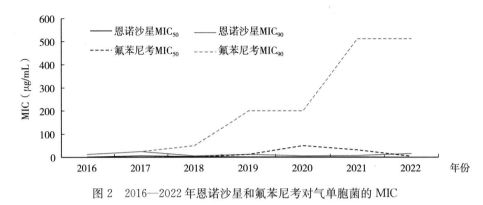

图 2　2016—2022 年恩诺沙星和氟苯尼考对气单胞菌的 MIC

表 21　2016—2022 年恩诺沙星和氟苯尼考对气单胞菌的 MIC_{50} 和 MIC_{90}（$\mu g/mL$）

年份	恩诺沙星		氟苯尼考	
	MIC_{50}	MIC_{90}	MIC_{50}	MIC_{90}
2016	1.56	12.5	0.78	12.5
2017	6.25	25	0.2	25
2018	3.13	6.25	1.56	50
2019	1.56	12.5	12.5	≥200
2020	1.56	6.25	50	≥200
2021	1	8	32	≥512
2022	0.25	16	4	≥512

氟苯尼考对气单胞菌的 MIC_{50} 在 2016—2018 年始终保持较低水平，最高为 2018 年的 $1.56\mu g/mL$，然后在 2019 年开始显著提高，2020 年升至 $50\mu g/mL$，随后下降至 2022 年的 $4\mu g/mL$；MIC_{90} 则始终保持上升趋势，自 2019 年便达检测上线。分析其原因，一是临床上近年来大量使用氟苯尼考，导致菌株耐药性的提高，后来随着耐药性的增加，很多养殖户纷纷选用其他药物使药物敏感性得到恢复；二是更换药敏板，原料药和检测上限的改变导致检测结果发生变化。

三、分析与建议

1. 关于水生动物致病菌药物敏感性的分析

2022 年全年共采集样品 10 批次，分离鉴定出 208 株气单胞菌，药敏试验结果表明气单胞菌对恩诺沙星和硫酸新霉素较敏感，但 MIC_{90} 近两年开始有上升趋势，需要警惕耐药性的进一步提高；对氟苯尼考的耐药性在近两年则开始出现下降趋势。养殖场用药习惯、鱼种的药物代谢水平等因素对菌株的耐药性均有一定影响，检测结果显示扬中基地的气单胞菌总体耐药性要高于其他试点养殖场，其正确性还有待进一步开展持续的跟踪检测。

2. 关于目前选择用药的建议

从目前的试验结果来看，建议养殖户可选用恩诺沙星和硫酸新霉素进行细菌性疾病的治疗，但必须严格按照药敏试验结果和药代动力学原理确定剂量和药程。

2022 年上海市水产养殖动物主要病原菌耐药性监测分析报告

高 玮 张明辉 安 伟 高晓华 张小明

［上海市水产研究所（上海市水产技术推广站）］

为了解掌握上海市水产养殖动物主要病原菌耐药性情况及变化规律，指导养殖生产科学使用水产用抗菌药物，提高细菌性病害防控成效，推动本市渔业绿色高质量发展，2022 年度上海市水产技术推广站从崇明、奉贤及金山等区分别采集主养品种鲫和虾类样品，开展了气单胞菌属和弧菌属等主要病原菌的分离、鉴定工作，并测定分离株对 8 种水产用抗菌药物的敏感性，具体结果如下。

一、材料与方法

1. 样品采集

2022 年 6—10 月，每月定期从 3 个养殖场采集鲫样品，每种样品至少 10 尾；从 4 个养殖场采集虾类样品，每种样品至少 30 尾；以及不定期采集的鲫及虾类样品。样品均保持活体被运到实验室后进行无菌操作分离病原菌。

2. 病原菌的分离、鉴定、纯化及保存

在无菌条件下，分别从鲫、鳃、肝、肾、脾中用接种环蘸取组织划线接种于 TSA 培养基上，于 30℃恒温培养箱内培养 18～24h；取虾的肝、胰、腺等组织于 TSB 液体培养基中增菌培养 18～24h 后，划线于 TCBS 培养基上，于 30℃恒温培养箱内培养 18～24h。观察菌落特征，挑取优势可疑菌落，接种于 TSA 培养基上，于 30℃恒温培养箱内培养 18～24h 以得到纯培养物。将纯化好的菌株用 VITEK2 Compact 30 全自动细菌鉴定仪进行鉴定；不确定的菌株使用气单胞菌属看家基因 $gyrB$ 进行种属鉴定（上海生工生物工程有限公司）。最后将纯化好的菌株用 50%甘油等量混合冻存于-80℃冰箱。

3. 分离株最小抑菌浓度（MIC）的测定

采用药敏分析试剂板（南京菲恩医疗科技有限公司）测定 MIC。

4. 数据统计方法

对测得的数据采用 SPSS 软件进行统计分析。

二、药敏测试结果

1. 病原菌分离鉴定总体情况

从鲫、虾类（南美白对虾、罗氏沼虾）样品中分别分离出气单胞菌 24 株、12 株，

共36株。其中，13株温和气单胞菌（36.11%）、8株嗜水气单胞菌（22.22%）、7株维氏气单胞菌（19.44%）、4株肠棕气单胞菌（11.11%）、2株杀鲑气单胞菌（5.56%）、1株豚鼠气单胞菌（2.78%）及1株未鉴定出种的气单胞菌属的菌株（2.78%），见表1、图1。

表1　分离气单胞菌菌株数量与时间

菌属		来源	分离时间					合计
			6月	7月	8月	9月	10月	
气单胞菌	维氏气单胞菌	鲫		3	3	1		7
		罗氏沼虾						
		南美白对虾						
	嗜水气单胞菌	鲫			2	1		8
		罗氏沼虾	1					
		南美白对虾	3	1				
	温和气单胞菌	鲫		5	4		1	13
		罗氏沼虾						
		南美白对虾		1		1	1	
	豚鼠气单胞菌	鲫		1				1
		罗氏沼虾						
		南美白对虾						
	杀鲑气单胞菌	鲫				1		2
		罗氏沼虾						
		南美白对虾			1			
	肠棕气单胞菌	鲫					1	4
		罗氏沼虾					1	
		南美白对虾	1	1				
	其他	鲫		1				1
合计			5	13	10	4	4	36

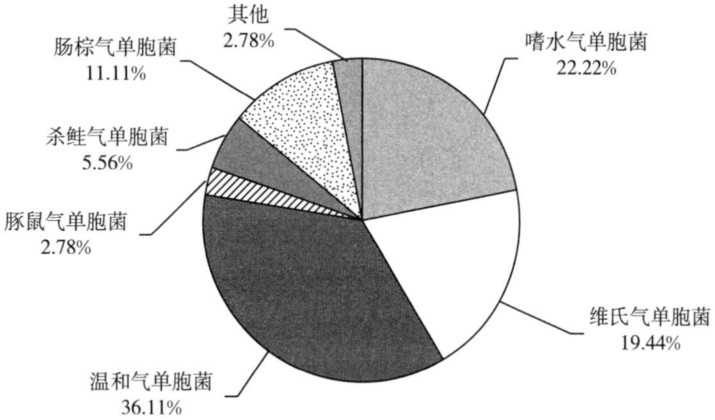

图1　气单胞菌属分类统计情况

从南美白对虾样品中分离出 21 株弧菌，其中，18 株副溶血性弧菌（85.71%）、2 株霍乱弧菌（9.52%）和 1 株最小弧菌（4.76%），见表 2、图 2。

表 2　分离弧菌菌株数量与时间

分离时间	弧菌菌株数（株）			合计
	副溶血性弧菌	霍乱弧菌	最小弧菌	
6 月	6	1	1	8
7 月	1	1		2
8 月	7			7
9 月	3			3
10 月	1			1
合计	18	2	1	21

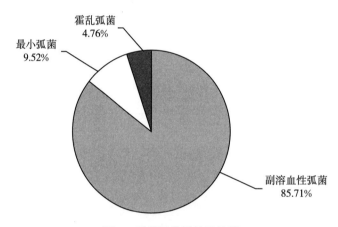

图 2　弧菌属分类统计情况

2. 不同来源气单胞菌对水产用抗菌药物的敏感性

8 种水产用抗菌药物对 24 株鲫源气单胞菌的 MIC 频数分布情况见表 3、表 4。其中，氟苯尼考对鲫源气单胞菌 MIC 为 $1\mu g/mL$ 时的频数最高，有 13 株菌；其次是甲砜霉素（MIC 为 $1\mu g/mL$）和盐酸多西环素（MIC 为 $0.25\mu g/mL$），均为 12 株；但值得注意的是，甲砜霉素对 2 株菌的 MIC 为 $512\mu g/mL$，磺胺间甲氧嘧啶钠对 1 株菌的 MIC 为 $512\mu g/mL$，磺胺甲噁唑/甲氧苄啶对 1 株菌的 MIC 为 $304/16\mu g/mL$。

8 种水产用抗菌药物对 12 株虾源气单胞菌的 MIC 频数分布情况见表 5、表 6。其中，盐酸多西环素对虾源气单胞菌 MIC 为 $0.25\mu g/mL$ 时的频数最高，有 9 株菌。

8 种水产用抗菌药物对不同来源气单胞菌的 MIC_{50} 和 MIC_{90}，如图 3、图 4 所示。分析如下：

表 3　7种水产用抗菌药物对鲫源气单胞菌的 MIC 频数分布 （n=24）

供试药物	MIC$_{50}$ (μg/mL)	MIC$_{90}$ (μg/mL)	不同药物浓度 (μg/mL) 下的菌株数 （株）																	
			≥1 024	512	256	128	64	32	16	8	4	2	1	0.5	0.25	0.125	0.06	0.03	0.015	≤0.008
恩诺沙星	0.042	1.981								1	1		5	4		1		1	2	9
硫酸新霉素	1.045	6.706				1					3	9	8	3						
甲砜霉素	1.062	95.786		2	1	1	1	1				3	12	3						
氟苯尼考	0.701	11.653					2		2	1	1	5	13							
盐酸多西环素	0.238	0.782								1	1	1	2	4	12	3	1			
氟甲喹	0.491	17.947						2	4	3	2		1	1	2	10				
磺胺间甲氧嘧啶钠	6.898	59.572		1		1	2	3	4	4	4	5								

表 4　磺胺甲噁唑/甲氧苄啶对鲫源气单胞菌的 MIC 频数分布 （n=24）

供试药物	MIC$_{50}$ (μg/mL)	MIC$_{90}$ (μg/mL)	不同药物浓度 (μg/mL) 下的菌株数 （株）									
			≥608/32	304/16	152/8	76/4	38/2	19/1	9.5/0.5	4.8/0.25	2.4/0.12	≤1.2/0.06
磺胺甲噁唑/甲氧苄啶	3.442/0.176	31.044/1.627		1	2	2	1	1	4	9	1	6

表 5　7 种水产用抗菌药物对虾源气单胞菌的 MIC 频数分布 （n=12）

供试药物	MIC$_{50}$ （μg/mL）	MIC$_{90}$ （μg/mL）	不同药物浓度 （μg/mL） 下的菌株数 （株）																	
			≥1 024	512	256	128	64	32	16	8	4	2	1	0.5	0.25	0.125	0.06	0.03	0.015	≤0.008
恩诺沙星	0.02	0.484											2		2	1	1			6
硫酸新霉素	1.45	6.484								1	4	4	1	2						
甲砜霉素	1.169	2.296									1	7	4							
氟苯尼考	0.995	2.005									1	5	6							
盐酸多西环素	0.169	0.35												1	9	2				
氟甲喹	0.033	4.837						1	1				1		1	8				
磺胺间甲氧嘧啶钠	4.444	17.309					1		1	6	1	3								

表 6　磺胺甲噁唑/甲氧苄啶对虾源气单胞菌的 MIC 频数分布 （n=12）

供试药物	MIC$_{50}$ （μg/mL）	MIC$_{90}$ （μg/mL）	不同药物浓度 （μg/mL） 下的菌株数 （株）									
			≥608/32	304/16	152/8	76/4	38/2	19/1	9.5/0.5	4.8/0.25	2.4/0.12	≤1.2/0.06
磺胺甲噁唑/甲氧苄啶	2.8/0.143	21.595/1.128			1				2	5	1	3

（1）8 种水产用抗菌药物对不同来源气单胞菌的 MIC$_{50}$

恩诺沙星对鲫源气单胞菌和虾源气单胞菌的 MIC$_{50}$ 均为供试药物中最低，分别为 $0.042\mu g/mL$ 和 $0.02\mu g/mL$；磺胺间甲氧嘧啶钠对鲫源和对虾源气单胞菌的 MIC$_{50}$ 为供试药物中最高，分别为 $6.898\mu g/mL$ 和 $4.444\mu g/mL$。

（2）8 种水产用抗菌药物对不同来源气单胞菌的 MIC$_{90}$

盐酸多西环素对鲫源和虾源气单胞菌的 MIC$_{90}$ 均为供试药物中最低，分别为 $0.782\mu g/mL$ 和 $0.35\mu g/mL$；其次是恩诺沙星，对两种来源气单胞菌的 MIC$_{90}$ 分别为 $1.981\mu g/mL$ 和 $0.484\mu g/mL$。

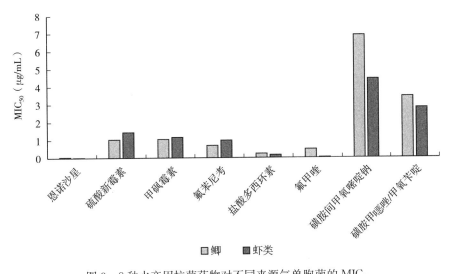

图 3　8 种水产用抗菌药物对不同来源气单胞菌的 MIC$_{50}$

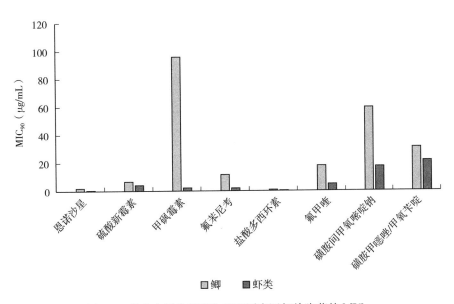

图 4　8 种水产用抗菌药物对不同来源气单胞菌的 MIC$_{90}$

表 7　7 种水产用抗菌药物对鲫源温和气单胞菌的 MIC 频数分布 （n＝10）

供试药物	MIC$_{50}$ (μg/mL)	MIC$_{90}$ (μg/mL)	不同药物浓度 (μg/mL) 下的菌株数 （株）																	
			≥1 024	512	256	128	64	32	16	8	4	2	1	0.5	0.25	0.125	0.06	0.03	0.015	≤0.008
恩诺沙星	0.036	4.031								1			3	1						5
硫酸新霉素	1.437	14.902				1					1	5	2	1						
甲砜霉素	0.631	5.274						1			1		6	2						
氟苯尼考	0.497	1.61									1	1	8							
盐酸多西环素	0.264	0.743										1	1	2	5	1				
氟甲喹	0.603	41.661						2	2	1					1	5				
磺胺间甲氧嘧啶钠	3.097	14.441						1	2	1	2	4								

表 8　磺胺甲噁唑 / 甲氧苄啶对鲫源温和气单胞菌 MIC 频数分布 （n＝10）

供试药物	MIC$_{50}$ (μg/mL)	MIC$_{90}$ (μg/mL)	不同药物浓度 (μg/mL) 下的菌株数 （株）									
			608/32	304/16	152/8	76/4	38/2	19/1	9.5/0.5	4.8/0.25	2.4/0.12	1.2/0.06
磺胺甲噁唑 / 甲氧苄啶	2.045/0.103	6.478/0.335							2	4		4

甲砜霉素对鲫源气单胞菌的 MIC_{90} 为供试药物中最高,为 $95.786\mu g/mL$,其次为磺胺间甲氧嘧啶钠,MIC_{90} 为 $59.572\mu g/mL$;磺胺甲噁唑/甲氧苄啶对虾源气单胞菌的 MIC_{90} 为供试药物中最高,为 $21.595/1.128\mu g/mL$,其次是磺胺间甲氧嘧啶钠,MIC_{90} 为 $17.309\mu g/mL$。

比较 8 种水产用抗菌药物对鲫源和虾源气单胞菌的 MIC_{50} 和 MIC_{90}(图 3、图 4),结果表明,不同来源的气单胞菌对供试药物的耐药性水平基本处于低水平状态,但鲫源气单胞菌对甲砜霉素和磺胺间甲氧嘧啶钠的耐药性偏高。

3.3 种气单胞菌对水产用抗菌药物的敏感性

在 36 株气单胞菌中,选择温和气单胞菌(13 株)、嗜水气单胞菌(8 株)、维氏气单胞菌(7 株)为分析对象,分别统计 8 种水产用抗菌药物对 3 种主要气单胞菌的 MIC 频数分布。

(1)温和气单胞菌对 8 种水产用抗菌药物的敏感性

13 株温和气单胞菌中 10 株为鲫源、3 株为虾源,如表 7、表 8 所示,氟苯尼考对鲫源温和气单胞菌 MIC 为 $1\mu g/mL$ 时的频数最高,有 8 株菌;其次是甲砜霉素(MIC 为 $1\mu g/mL$),有 6 株菌;但硫酸新霉素对 1 株鲫源温和气单胞菌的 MIC 为 $128\mu g/mL$。8 种水产用抗菌药物对鲫源、虾源主要气单胞菌的 MIC 见表 9、表 10。从表 10 可知,磺胺甲噁唑/甲氧苄啶对 1 株虾源温和气单胞菌(细菌编号为 7JX)的 MIC 最高,为 $152/8\mu g/mL$。

由图 5 和表 7 至表 9 可知,恩诺沙星对鲫源温和气单胞菌、嗜水气单胞菌及维氏气单胞菌的 MIC_{50} 均为最低,分别为 $0.036\mu g/mL$、$0.01\mu g/mL$、$0.047\mu g/mL$。磺胺间甲氧嘧啶钠对鲫源温和气单胞菌、维氏气单胞菌的 MIC_{50} 最高,分别为 $3.097\mu g/mL$ 和 $18.589\mu g/mL$;甲砜霉素则对嗜水气单胞菌的 MIC_{50} 最高,为 $15.470\mu g/mL$。

表 9 8 种水产用抗菌药物对鲫源主要气单胞菌的 MIC

单位:μg/mL

细菌编号	菌种鉴定	恩诺沙星	硫酸新霉素	甲砜霉素	氟苯尼考	盐酸多西环素	氟甲喹	磺胺间甲氧嘧啶钠	磺胺甲噁唑/甲氧苄啶
RB4	嗜水气单胞菌	0.03	1	128	16	0.25	0.25	128	304/16
MZ3	嗜水气单胞菌	0.015	0.5	64	8	1	0.25	8	9.5/0.5
RB5	嗜水气单胞菌	≤0.008	1	2	2	0.5	≤0.125	≤2	≤1.2/0.06
PKC6S	维氏气单胞菌	0.015	2	1	2	0.25	≤0.125	64	4.8/0.25
PKC7S	维氏气单胞菌	0.5	1	1	1	≤0.06	8	8	2.4/0.12
RB1TB	维氏气单胞菌	1	2	512	64	0.25	4	512	76/4
MZ11G	维氏气单胞菌	≤0.008	4	1	2	0.25	≤0.125	16	4.8/0.25
RBTB	维氏气单胞菌	≤0.008	4	2	1	0.125	≤0.125	64	76/4
RB8	维氏气单胞菌	0.5	1	1	1	0.25	4	16	4.8/0.25
RB7C	维氏气单胞菌	0.125	1	0.5	1	0.25	0.5	4	≤1.2/0.06

表10 8种水产用抗菌药物对虾源主要气单胞菌的 MIC

单位：μg/mL

细菌编号	菌种鉴定	恩诺沙星	硫酸新霉素	甲砜霉素	氟苯尼考	盐酸多西环素	氟甲喹	磺胺间甲氧嘧啶钠	磺胺甲噁唑/甲氧苄啶
10JX	温和气单胞菌	≤0.008	4	2	1	0.25	≤0.125	8	4.8/0.25
7JX	温和气单胞菌	0.25	2	4	1	0.25	1	64	152/8
9JX	温和气单胞菌	0.06	1	2	2	0.25	≤0.125	8	4.8/0.25
HU3	嗜水气单胞菌	0.25	0.5	2	2	0.125	0.25	≤2	≤1.2/0.06
JX6	嗜水气单胞菌	1	8	1	2	0.25	32	8	4.8/0.25
YY7	嗜水气单胞菌	≤0.008	2	1	1	0.125	≤0.125	≤2	≤1.2/0.06
YYG6	嗜水气单胞菌	≤0.008	2	2	1	0.25	≤0.125	4	2.4/0.12
YYY6	嗜水气单胞菌	≤0.008	4	1	2	0.5	≤0.125	16	4.8/0.25

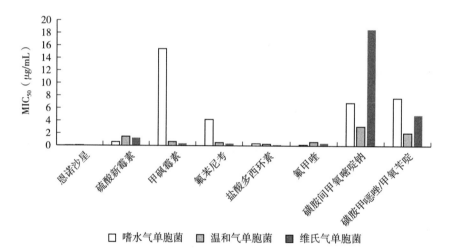

图5 8种水产用抗菌药物对鲫源不同种类气单胞菌的 MIC$_{50}$

如图6和表7至表9所示，盐酸多西环素对鲫源温和气单胞菌、维氏气单胞菌的 MIC$_{90}$ 最低，分别为 0.743μg/mL、0.276μg/mL；恩诺沙星对鲫源嗜水气单胞菌的 MIC$_{90}$ 最低，为 0.032μg/mL。氟甲喹对鲫源温和气单胞菌的 MIC$_{90}$ 最高，为 41.661μg/mL；磺胺甲噁唑/甲氧苄啶对鲫源嗜水气单胞菌的 MIC$_{90}$ 最高，为 362.634/19.370μg/mL；磺胺间甲氧嘧啶钠则对鲫源维氏气单胞菌的 MIC$_{90}$ 最高，为 159.738μg/mL。

（2）嗜水气单胞菌对8种水产用抗菌药物的敏感性

8株嗜水气单胞菌中3株为鲫源、5株为虾源。如表9所示，甲砜霉素、磺胺间甲氧嘧啶钠对 RB4 分离株的 MIC 较高，均为 128μg/mL；磺胺甲噁唑/甲氧苄啶对鲫源的3个分离株的 MIC 均较高。如表10所示，8种水产用抗菌药物对5株虾源嗜水

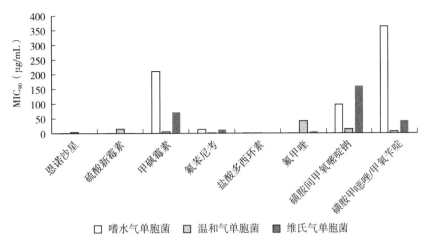

图 6 8 种水产用抗菌药物对鲫源不同种类气单胞菌的 MIC_{90}

气单胞菌的 MIC 均处于低水平。

（3）7 株鲫源维氏气单胞菌对 8 种水产用抗菌药物的敏感性

8 种水产用抗菌药物对 7 株鲫源维氏气单胞菌的 MIC 见表 9。甲砜霉素、磺胺间甲氧嘧啶钠对 RB1TB 分离株的 MIC 最高，均为 $512\mu g/mL$。

4. 副溶血性弧菌对水产用抗菌药物的敏感性

由表 11 和表 12 可知，磺胺间甲氧嘧啶钠对副溶血性弧菌的 MIC 为 $2\mu g/mL$ 时的频数最高，有 13 株菌；其次是氟苯尼考、甲砜霉素，对副溶血性弧菌的 MIC 为 $2\mu g/mL$ 时，均有 12 株；8 种水产用抗菌药物对副溶血性弧菌的 MIC_{50} 和 MIC_{90} 均处于较低水平。如图 7 所示，磺胺间甲氧嘧啶钠对副溶血性弧菌的 MIC_{90} 最高，为 $23.825\mu g/mL$；其次是甲砜霉素，MIC_{90} 为 $11.061\mu g/mL$。

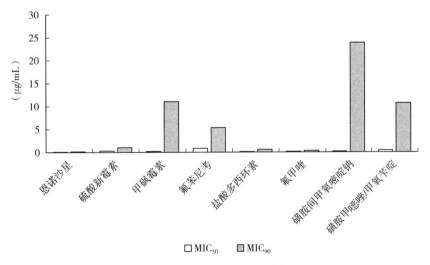

图 7 8 种水产用抗菌药物对副溶血性弧菌的 MIC_{50} 和 MIC_{90}

表 11 7种水产用抗菌药物对副溶血性弧菌的 MIC 频数分布 (n=18)

供试药物	MIC_{50} (μg/mL)	MIC_{90} (μg/mL)	不同药物浓度 (μg/mL) 下的菌株数 (株)																	
			≥1 024	512	256	128	64	32	16	8	4	2	1	0.5	0.25	0.125	0.06	0.03	0.015	≤0.008
恩诺沙星	0.079	0.141													3	10	5			
硫酸新霉素	0.308	1.018									1	1	2	6	6	2				
甲砜霉素	0.207	11.061			1					1	4	12								
氟苯尼考	0.852	5.331						1			5	12								
盐酸多西环素	0.125	0.581									1			1	10	6				
氟甲唑	0.148	0.317												2	10	6				
磺胺间甲氧嘧啶钠	0.177	23.825		1			1		1		2	13								

表 12 磺胺甲噁唑/甲氧苄啶对副溶血性弧菌的 MIC 频数分布 (n=18)

供试药物	MIC_{50} (μg/mL)	MIC_{90} (μg/mL)	不同药物浓度 (μg/mL) 下的菌株数 (株)									
			608/32	304/16	152/8	76/4	38/2	19/1	9.5/0.5	4.8/0.25	2.4/0.12	1.2/0.06
磺胺甲噁唑/甲氧苄啶	0.433/0.021	10.696/0.554			1			1		1	5	10

三、分析与建议

1. 气单胞菌耐药性分析

2022 年度共分离鉴定 57 株分离株，包括气单胞菌 36 株、弧菌 21 株。

8 种水产用抗菌药物对气单胞菌的 MIC 频数分布表明，氟苯尼考、甲砜霉素、盐酸多西环素对气单胞菌的 MIC 在低浓度时的频数较高。气单胞菌的药敏试验结果表明，鲫源和虾源气单胞菌对恩诺沙星、硫酸新霉素、甲砜霉素、氟苯尼考、盐酸多西环素、氟甲喹均很敏感，MIC_{50} 为 $0.02 \sim 1.45 \mu g/mL$，均处于较低水平。磺胺间甲氧嘧啶钠、磺胺甲噁唑/甲氧苄啶的 MIC_{50} 虽较高，但仍属敏感范围。甲砜霉素、磺胺间甲氧嘧啶钠及磺胺甲噁唑/甲氧苄啶对鲫源气单胞菌的 MIC_{90} 较高，且远高于虾源气单胞菌。

恩诺沙星、硫酸新霉素、盐酸多西环素、氟甲喹对嗜水气单胞菌、温和气单胞菌及维氏气单胞菌的 MIC_{50} 差异不大；甲砜霉素对鲫源嗜水气单胞菌的 MIC_{50} 为 $15.47 \mu g/mL$，处于中介和耐药之间，这可能与甲砜霉素在鲫养殖过程中使用频率相对较高有关。

2. 副溶血弧菌耐药性分析

8 种水产用抗菌药物对副溶血性弧菌的 MIC 频数分布表明，磺胺间甲氧嘧啶钠、甲砜霉素、氟苯尼考对副溶血性弧菌的 MIC 为 $2\mu g/mL$ 时的频数较高；8 种水产用抗菌药物对副溶血性弧菌的 MIC_{50} 为 $0.079 \sim 0.852 \mu g/mL$，均处于较低水平；副溶血性弧菌对 8 种水产用抗菌药物均敏感。但甲砜霉素和磺胺间甲氧嘧啶钠对副溶血弧菌的 MIC_{90} 相对较高，表明本市养殖虾源副溶血性弧菌对这两种抗菌药物表现出耐药趋势。

3. 对选择用药的建议

（1）根据 2022 年度的监测分析结果，建议养殖者可选用恩诺沙星、硫酸新霉素、盐酸多西环素、氟甲喹进行气单胞菌和弧菌类细菌性疾病的治疗。

（2）养殖生产中应避免长期使用某一种类的抗菌药物，一旦病原菌对该种类抗菌药物产生严重耐药性，可能会错过疾病的最佳治疗期。

（3）使用合适剂量的抗菌药物。剂量过低达不到治疗效果，且长期使用低剂量抗菌药物也可促使耐药性发展；剂量过高则易于使病原菌产生耐药性。

（4）联合使用抗菌药物时须谨慎。抗菌药物使用要有专业的技术人员指导，以避免药物间发生拮抗作用，从而降低治疗效果。

4. 下一步工作建议

开展水产养殖动物主要病原菌耐药性监测工作，强化数据的分析和应用，对指导水产养殖生产科学使用抗菌药物具有重要意义。因此，此项工作应长期持续开展，并保持监测点相对固定，且采样范围尽可能覆盖各养殖阶段，这样更有利于准确掌握病原菌的耐药谱变化规律。

2022年浙江省水产养殖动物主要病原菌耐药性监测分析报告

梁倩蓉　朱凝瑜　何润真　周　凡　丁雪燕

（浙江省水产技术推广总站）

为了解掌握水产养殖动物主要病原菌耐药性情况及变化规律，指导科学使用水产用抗菌药物，提高细菌性病害防控成效，推动渔业绿色高质量发展，2022年，浙江省在全省水产养殖病害测报、省主要养殖品种重大疫病监控与流行病学调查工作的基础上，对杭州、嘉兴、湖州、宁波、温州、台州等6个市33个点的水生动物常见病原菌进行耐药性分析，具体结果如下。

一、材料和方法

1. 样品采集

3—10月每月从监测点上采样1次，样品种类包括中华鳖、大口黑鲈、黄颡鱼和大黄鱼等，挑选有症状的个体3～5只。

2. 细菌分离筛选

常规无菌操作取样品的肝、脾、肾以及其他相关病灶组织，在牛脑心浸出液固体平板上划线接种，28℃培养过夜。次日，分离优势单菌落进行再培养。

3. 细菌鉴定及保存

分离纯化后，采用VITEK 2 Compact全自动细菌鉴定仪进行鉴定，并保存在含20％甘油的牛脑心浸出液中，置于－80℃冰箱。

4. 药敏试验

将纯化后的菌落用无菌生理盐水调菌浓度至$10^7 \sim 10^8 \mathrm{CFU/mL}$，按药敏板说明书稀释后加入96孔药敏板，28℃培养24～28h。根据培养后孔板的浊度读板，确定恩诺沙星、硫酸新霉素、甲砜霉素、氟苯尼考、盐酸多西环素、氟甲喹、磺胺间甲氧嘧啶钠、磺胺甲噁唑/甲氧苄啶8种药物对菌株的最低抑菌浓度（MIC），汇总数据计算MIC_{50}和MIC_{90}并分析比较。

二、药敏测试结果

1. 细菌分离鉴定总体情况

2022年度在我省主养品种中共分离到251株细菌在淡水养殖品种中共分离到215

株细菌：中华鳖菌株 64 株，大口黑鲈菌株 40 株，黄颡鱼菌株 29 株，其他淡水品种（大鲵、锦鲤、金龙鱼、草鱼、青鱼、鳜等）菌株 82 株；在海水养殖品种（大黄鱼、海鲈、鲳等）中共分离到 36 株细菌。

经统计，淡水品种体内分离的病原菌主要是气单胞菌（48.4%）、假单胞菌（10.2%）、少动鞘氨醇单胞菌（9.8%）、类志贺邻单胞菌（4.7%）、柠檬酸杆菌（4.2%）、迟缓爱德华氏菌（2.8%）、其他（19.9%），见图 1；海水品种体内分离的病原菌主要是假单胞菌（63.9%）、弧菌（22.2%）、海豚链球菌（8.3%）和诺卡氏菌（5.6%），见图 2。

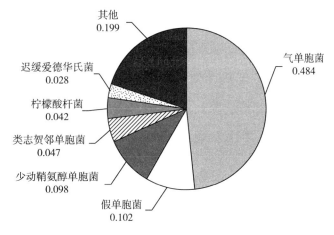

图 1　2022 年浙江省淡水养殖品种细菌分离概况

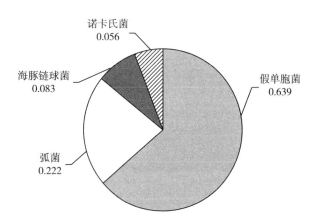

图 2　2022 年浙江省海水养殖品种细菌分离概况

2. 细菌耐药性分析

（1）不同动物来源菌株对水产用抗菌药物的敏感性

以中华鳖、大口黑鲈、黄颡鱼为主的淡水养殖品种和以大黄鱼为主的海水养殖品种中所分离的菌株对恩诺沙星、硫酸新霉素、盐酸多西环素、氟甲喹等药物的耐受浓度均较低（$MIC_{50} \leqslant 8\mu g/mL$），对甲砜霉素、氟苯尼考和 2 种磺胺类药物的耐受浓度均较高（$MIC_{50} > 8\mu g/mL$）（表 1）。

水产用抗菌药物对不同动物来源菌株的 MIC_{90} 不同，大黄鱼源细菌对 4 种药物敏感，中华鳖源、大口黑鲈源和黄颡鱼源细菌对 8 种抗菌药物中的多种均耐受（表2）。

表1 2022年8种药物对浙江省不同养殖品种分离菌株的 MIC_{50}

单位：μg/mL

养殖品种	恩诺沙星	硫酸新霉素	甲砜霉素	氟苯尼考	盐酸多西环素	氟甲喹	磺胺间甲氧嘧啶钠	磺胺甲噁唑/甲氧苄啶
中华鳖	0.5	2	≥512	64	4	1	≥1 024	≥608/32
大口黑鲈	0.25	1	16	4	0.25	0.5	16	9.5/0.5
黄颡鱼	0.5	1	64	4	0.125	2	128	19/1
大黄鱼	0.25	0.125	16	32	≤0.06	0.5	8	38/2
合计	0.25	1	64	32	0.5	1	256	38/2

表2 2022年8种药物对浙江省不同养殖品种分离菌株 MIC_{90}

单位：μg/mL

养殖品种	恩诺沙星	硫酸新霉素	甲砜霉素	氟苯尼考	盐酸多西环素	氟甲喹	磺胺间甲氧嘧啶钠	磺胺甲噁唑/甲氧苄啶
中华鳖	4	128	≥512	≥512	128	32	≥1 024	≥608/32
大口黑鲈	4	32	≥512	128	8	16	≥1 024	≥608/32
黄颡鱼	8	32	≥512	256	4	32	≥1 024	≥608/32
大黄鱼	0.5	0.5	128	128	1	4	256	152/8
合计	4	32	≥512	≥512	64	16	≥1 024	≥608/32

①中华鳖源菌株

患病中华鳖体内分离的细菌对恩诺沙星、氟甲喹、硫酸新霉素、盐酸多西环素的耐受浓度较低（$MIC_{50} \leq 4\mu g/mL$），而对 2 种磺胺类药物、甲砜霉素以及氟苯尼考的耐受浓度较高（$MIC_{50} \geq 64\mu g/mL$），见表3至表8。

表3 恩诺沙星对中华鳖源菌株的 MIC 频数分布（$n=64$）

供试药物	MIC_{50} (μg/mL)	MIC_{90} (μg/mL)	不同药物浓度（μg/mL）下的菌株数（株）											
			≥16	8	4	2	1	0.5	0.25	0.125	0.06	0.03	0.015	≤0.008
恩诺沙星	0.5	4	5	1	8	3	12	8	6	6	8	1		6

表4 硫酸新霉素和氟甲喹对中华鳖源菌株的 MIC 频数分布（$n=64$）

供试药物	MIC_{50} (μg/mL)	MIC_{90} (μg/mL)	不同药物浓度（μg/mL）下的菌株数（株）										
			≥256	128	64	32	16	8	4	2	1	0.5	0.25	≤0.125
硫酸新霉素	2	128	3	4	2	1		7	4	14	12	7	4	6
氟甲喹	1	32	3	2		3	9	6		8	1	2		21

表 5   甲砜霉素和氟苯尼考对中华鳖源菌株的 MIC 频数分布（n＝64）

供试药物	MIC$_{50}$ (μg/mL)	MIC$_{90}$ (μg/mL)	不同药物浓度（μg/mL）下的菌株数（株）											
			≥512	256	128	64	32	16	8	4	2	1	0.5	≤0.25
甲砜霉素	≥512	≥512	44	2	1		4	4	3	2	3	1		
氟苯尼考	64	≥512	16	5	10	13	1	3	1	2	6	7		

表 6   磺胺间甲氧嘧啶钠对中华鳖源菌株的 MIC 频数分布（n＝64）

供试药物	MIC$_{50}$ (μg/mL)	MIC$_{90}$ (μg/mL)	不同药物浓度（μg/mL）下的菌株数（株）									
			≥1 024	512	256	128	64	32	16	8	4	≤2
磺胺间甲氧嘧啶钠	≥1 024	≥1 024	43				1	3	6	2	5	4

表 7   磺胺甲噁唑/甲氧苄啶对中华鳖源菌株的 MIC 频数分布（n＝64）

供试药物	MIC$_{50}$ (μg/mL)	MIC$_{90}$ (μg/mL)	不同药物浓度（μg/mL）下的菌株数（株）									
			≥608/32	304/16	152/8	76/4	38/2	19/1	9.5/0.5	4.8/0.25	2.4/0.12	≤1.2/0.06
磺胺甲噁唑/甲氧苄啶	≥608/32	≥608/32	35	2	2	2	3	2	2	1	12	3

表 8   盐酸多西环素对中华鳖源菌株的 MIC 频数分布（n＝64）

供试药物	MIC$_{50}$ (μg/mL)	MIC$_{90}$ (μg/mL)	不同药物浓度（μg/mL）下的菌株数（株）											
			≥128	64	32	16	8	4	2	1	0.5	0.25	0.125	≤0.06
盐酸多西环素	4	128	12	2	4	8	3	5	6	1	8	1		14

②大口黑鲈源菌株

患病大口黑鲈体内分离的细菌对恩诺沙星、盐酸多西环素、硫酸新霉素、氟甲喹、氟苯尼考的耐受浓度较低（MIC$_{50}$≤4μg/mL），而对 2 种磺胺类药物以及甲砜霉素的耐受浓度较高（MIC$_{50}$>8μg/mL），见表 9 至表 14。

表 9   恩诺沙星对大口黑鲈源菌株的 MIC 频数分布（n＝40）

供试药物	MIC$_{50}$ (μg/mL)	MIC$_{90}$ (μg/mL)	不同药物浓度（μg/mL）下的菌株数（株）											
			≥16	8	4	2	1	0.5	0.25	0.125	0.06	0.03	0.015	≤0.008
恩诺沙星	0.25	4	3		5	3	3	4	4	6	5	2	1	4

表 10   硫酸新霉素和氟甲喹对大口黑鲈源菌株的 MIC 频数分布（n＝40）

供试药物	MIC$_{50}$ (μg/mL)	MIC$_{90}$ (μg/mL)	不同药物浓度（μg/mL）下的菌株数（株）											
			≥256	128	64	32	16	8	4	2	1	0.5	0.25	≤0.125
硫酸新霉素	1	32	1		2	2				7	12	7	8	
氟甲喹	0.5	16	1				8	3	1	2	4	4	4	13

表 11　甲砜霉素和氟苯尼考对大口黑鲈源菌株的 MIC 频数分布 （$n=40$）

供试药物	MIC$_{50}$ (μg/mL)	MIC$_{90}$ (μg/mL)	不同药物浓度（μg/mL）下的菌株数（株）											
			≥512	256	128	64	32	16	8	4	2	1	0.5	≤0.25
甲砜霉素	16	≥512	6	4	5	2	1	3	1	3	2	8	5	
氟苯尼考	4	128	3	1	2	5	3	3		5	5	11	2	

表 12　磺胺间甲氧嘧啶钠对大口黑鲈源菌株的 MIC 频数分布 （$n=40$）

供试药物	MIC$_{50}$ (μg/mL)	MIC$_{90}$ (μg/mL)	不同药物浓度（μg/mL）下的菌株数（株）									
			≥1 024	512	256	128	64	32	16	8	4	≤2
磺胺间甲氧嘧啶钠	16	≥1 024	15		1		1	1	4	5	7	6

表 13　磺胺甲噁唑/甲氧苄啶对大口黑鲈源菌株的 MIC 频数分布 （$n=40$）

供试药物	MIC$_{50}$ (μg/mL)	MIC$_{90}$ (μg/mL)	不同药物浓度（μg/mL）下的菌株数（株）									
			≥608/32	304/16	152/8	76/4	38/2	19/1	9.5/0.5	4.8/0.25	2.4/0.12	≤1.2/0.06
磺胺甲噁唑/甲氧苄啶	9.5/0.5	≥608/32	11	1			4	1	5	6	5	7

表 14　盐酸多西环素对大口黑鲈源菌株的 MIC 频数分布 （$n=40$）

供试药物	MIC$_{50}$ (μg/mL)	MIC$_{90}$ (μg/mL)	不同药物浓度（μg/mL）下的菌株数（株）											
			≥128	64	32	16	8	4	2	1	0.5	0.25	0.125	≤0.06
盐酸多西环素	0.25	8	2	1		1	1	3	6	1	5	3	3	14

③黄颡鱼源菌株

　　患病黄颡鱼体内分离的细菌对盐酸多西环素、恩诺沙星、硫酸新霉素、氟甲喹、氟苯尼考的耐受浓度较低（MIC$_{50}\leqslant4\mu$g/mL），而对 2 种磺胺类药物、甲砜霉素的耐受浓度较高（MIC$_{50}>16\mu$g/mL），见表 15 至表 20。

表 15　恩诺沙星对黄颡鱼源菌株的 MIC 频数分布 （$n=29$）

供试药物	MIC$_{50}$ (μg/mL)	MIC$_{90}$ (μg/mL)	不同药物浓度（μg/mL）下的菌株数（株）											
			≥16	8	4	2	1	0.5	0.25	0.125	0.06	0.03	0.015	≤0.008
恩诺沙星	0.5	8	3	4		1	2	6	2	4	2	2	2	1

表 16　硫酸新霉素和氟甲喹对黄颡鱼源菌株的 MIC 频数分布 （$n=29$）

供试药物	MIC$_{50}$ (μg/mL)	MIC$_{90}$ (μg/mL)	不同药物浓度（μg/mL）下的菌株数（株）											
			≥256	128	64	32	16	8	4	2	1	0.5	0.25	≤0.125
硫酸新霉素	1	32		1	1	2				1	5	5	3	11
氟甲喹	2	32	1	1		2	6	1	1	3	4	1	3	6

表 17　甲砜霉素和氟苯尼考对黄颡鱼源菌株的 MIC 频数分布（n＝29）

供试药物	MIC_{50} (μg/mL)	MIC_{90} (μg/mL)	不同药物浓度（μg/mL）下的菌株数（株）											
			≥512	256	128	64	32	16	8	4	2	1	0.5	≤0.25
甲砜霉素	64	≥512	11		3	2	1	1	1	1	2	6	1	
氟苯尼考	4	256	2	2	4	2	3	1		2	4	8	1	

表 18　磺胺间甲氧嘧啶钠对黄颡鱼源菌株的 MIC 频数分布（n＝29）

供试药物	MIC_{50} (μg/mL)	MIC_{90} (μg/mL)	不同药物浓度（μg/mL）下的菌株数（株）									
			≥1 024	512	256	128	64	32	16	8	4	≤2
磺胺间甲氧嘧啶钠	128	≥1 024	12	1	1	1	1			2	2	7	3

表 19　磺胺甲噁唑/甲氧苄啶对黄颡鱼源菌株的 MIC 频数分布（n＝29）

供试药物	MIC_{50} (μg/mL)	MIC_{90} (μg/mL)	不同药物浓度（μg/mL）下的菌株数（株）									
			≥608/32	304/16	152/8	76/4	38/2	19/1	9.5/0.5	4.8/0.25	2.4/0.12	≤1.2/0.06
磺胺甲噁唑/甲氧苄啶	19/1	≥608/32	7	1	3	1	2	1	1	4	4	5

表 20　盐酸多西环素对黄颡鱼源菌株的 MIC 频数分布（n＝29）

供试药物	MIC_{50} (μg/mL)	MIC_{90} (μg/mL)	不同药物浓度（μg/mL）下的菌株数（株）											
			≥128	64	32	16	8	4	2	1	0.5	0.25	0.125	≤0.06
盐酸多西环素	0.125	4				1		3	1	1	2	4	6	11

④大黄鱼源菌株

患病大黄鱼体内分离的细菌对恩诺沙星、盐酸多西环素、硫酸新霉素、氟甲喹的耐受浓度较低（MIC_{50}≤0.5μg/mL），而对 2 种磺胺类药物、甲砜霉素以及氟苯尼考的耐受浓度较高（MIC_{50}≥8μg/mL），见表 21 至表 26。

表 21　恩诺沙星对大黄鱼源菌株的 MIC 频数分布（n＝30）

供试药物	MIC_{50} (μg/mL)	MIC_{90} (μg/mL)	不同药物浓度（μg/mL）下的菌株数（株）											
			≥16	8	4	2	1	0.5	0.25	0.125	0.06	0.03	0.015	≤0.008
恩诺沙星	0.25	0.5						1	4	13	12			

表 22　硫酸新霉素和氟甲喹对大黄鱼源菌株的 MIC 频数分布（n＝30）

供试药物	MIC_{50} (μg/mL)	MIC_{90} (μg/mL)	不同药物浓度（μg/mL）下的菌株数（株）											
			≥256	128	64	32	16	8	4	2	1	0.5	0.25	≤0.125
硫酸新霉素	0.125	0.5									3	5	6	16
氟甲喹	0.5	4				2	1		4	1	4	6	5	7

表 23 甲砜霉素和氟苯尼考对大黄鱼源菌株的 MIC 频数分布 （$n=30$）

供试药物	MIC$_{50}$ (μg/mL)	MIC$_{90}$ (μg/mL)	不同药物浓度 （μg/mL） 下的菌株数 （株）											
			≥512	256	128	64	32	16	8	4	2	1	0.5	≤0.25
甲砜霉素	16	128		1	5	7	2	1	4	2	5	3		
氟苯尼考	32	128	2	1	7	4	2		3	6	5			

表 24 磺胺间甲氧嘧啶钠对大黄鱼源菌株的 MIC 频数分布 （$n=30$）

供试药物	MIC$_{50}$ (μg/mL)	MIC$_{90}$ (μg/mL)	不同药物浓度 （μg/mL） 下的菌株数 （株）									
			≥1 024	512	256	128	64	32	16	8	4	≤2
磺胺间甲氧嘧啶钠	8	256	3		9	1	1		1	2	5	8

表 25 磺胺甲噁唑/甲氧苄啶对大黄鱼源菌株的 MIC 频数分布 （$n=30$）

供试药物	MIC$_{50}$ (μg/mL)	MIC$_{90}$ (μg/mL)	不同药物浓度 （μg/mL） 下的菌株数 （株）									
			≥608/32	304/16	152/8	76/4	38/2	19/1	9.5/0.5	4.8/0.25	2.4/0.12	≤1.2/0.06
磺胺甲噁唑/甲氧苄啶	38/2	152/8			3	2	3	9	4	1	1	7

表 26 盐酸多西环素对大黄鱼源菌株的 MIC 频数分布 （$n=30$）

供试药物	MIC$_{50}$ (μg/mL)	MIC$_{90}$ (μg/mL)	不同药物浓度 （μg/mL） 下的菌株数 （株）											
			≥128	64	32	16	8	4	2	1	0.5	0.25	0.125	≤0.06
盐酸多西环素	≤0.06	1					1			2	2			25

（2）不同地区菌株对水产用抗菌药物的敏感性

①淡水养殖地区

比较 8 种药物对 3 个淡水养殖地区分离菌株的 MIC$_{50}$ （表 27），可见不同淡水养殖地区的分离菌株对恩诺沙星、硫酸新霉素、盐酸多西环素和氟甲喹耐受浓度较低（MIC$_{50}$≤1μg/mL），而对甲砜霉素、氟苯尼考和 2 种磺胺类药物耐受浓度较高（MIC$_{50}$≥32μg/mL）。湖州地区分离菌株对 2 种磺胺类药物的耐药性较低，而杭州和嘉兴地区分离菌株对 2 种磺胺类药物的耐药性仍较为严重。

表 27 8 种药物对淡水养殖地区分离菌株的 MIC$_{50}$

单位：μg/mL

药物名称	杭州	湖州	嘉兴	MIC$_{50}$ （淡水）
恩诺沙星	0.25	0.5	0.5	0.5
硫酸新霉素	1	1	1	1
甲砜霉素	≥512	64	≥512	256
氟苯尼考	64	16	128	32

（续）

药物名称	杭州	湖州	嘉兴	MIC_{50}（淡水）
盐酸多西环素	2	0.25	0.5	0.5
氟甲喹	1	2	1	1
磺胺间甲氧嘧啶钠	1 024	16	≥1 024	≥1 024
磺胺甲噁唑/甲氧苄啶	38/2	9.5/0.5	304/16	38/2

②海水养殖地区

按采样地区比较大黄鱼体内分离半数菌株对 8 种药物敏感性（表 28），可见本年度宁波、温州、台州地区采集的菌株对恩诺沙星、硫酸新霉素、盐酸多西环素、氟甲喹和磺胺间甲氧嘧啶钠耐受浓度较低（$MIC_{50} \leq 8 \mu g/mL$），而对甲砜霉素、氟苯尼考和磺胺甲噁唑/甲氧苄啶耐受浓度较高（$MIC_{50} \geq 16 \mu g/mL$）。其中，宁波地区菌株对 8 种药物总体耐受浓度最低（$MIC_{50} \leq 4 \mu g/mL$）。

表 28　8 种药物对海水养殖地区分离菌株的 MIC_{50}

单位：$\mu g/mL$

药物名称	宁波	温州	台州	MIC_{50}（海水）
恩诺沙星	0.25	0.125	0.5	0.25
硫酸新霉素	0.5	0.125	0.25	0.125
甲砜霉素	2	32	64	16
氟苯尼考	4	64	128	32
盐酸多西环素	≤0.06	≤0.06	1	≤0.06
氟甲喹	2	0.5	4	0.5
磺胺间甲氧嘧啶钠	2	64	256	8
磺胺甲噁唑/甲氧苄啶	1.2/0.06	38/2	152/8	38/2

（3）7 种主要病原菌对水产用抗菌药物的敏感性

由表 29 和表 30 可见，2022 年分离的主要病原菌中柠檬酸杆菌耐药程度最严重（耐药率≥66.7%），表现为对 6 种药物均耐受（$MIC_{50} \geq 4 \mu g/mL$），而弧菌和诺卡氏菌的药物敏感程度最高（$MIC_{50} \leq 4 \mu g/mL$，耐药率≤14.3%）；其他菌株对恩诺沙星和硫酸新霉素 2 种药物均敏感（$MIC_{50} \leq 2 \mu g/mL$），嗜水/豚鼠气单胞菌和假单胞菌对甲砜霉素、氟苯尼考和 2 种磺胺类药物耐受浓度较高（$MIC_{50} \geq 38 \mu g/mL$），而温和气单胞菌和爱德华氏菌对几种药物耐受浓度较低（$MIC_{50} \leq 16 \mu g/mL$）。水产用抗菌药物对不同病原菌的 MIC 频数分布见表 31 至表 48。

表 29 8 种药物对不同种类病原菌 MIC$_{50}$

单位：$\mu g/mL$

病原菌种类	恩诺沙星	硫酸新霉素	甲砜霉素	氟苯尼考	盐酸多西环素	氟甲喹	磺胺间甲氧嘧啶钠	磺胺甲噁唑/甲氧苄啶
嗜水/豚鼠气单胞菌	0.125	1	512	64	4	0.125	≥1 024	152/8
温和气单胞菌	0.5	2	4	2	0.25	8	16	4.8/0.25
假单胞菌	0.25	0.25	64	64	≤0.06	0.5	256	38/2
弧菌	0.25	0.5	2	2	≤0.06	0.125	2	1.2/0.06
诺卡氏菌	0.25	1	2	4	≤0.06	0.125	2	1.2/0.06
柠檬酸杆菌	4	2	128	64	64	1	≥1 024	≥608/32
爱德华氏菌	2	0.5	4	1	16	4	8	2.4/0.12

表 30 7 种主要病原菌对已有国际参考标准下 4 种药物的耐药率（%）

病原菌种类	恩诺沙星	氟苯尼考	盐酸多西环素	磺胺间甲氧嘧啶钠
嗜水/豚鼠气单胞菌	12.5	58.3	29.2	66.7
温和气单胞菌	11.4	42.9	5.7	37.1
假单胞菌	7.7	79.5	5.1	25.6
弧菌	0.0	14.3	0.0	14.3
诺卡氏菌	0.0	0.0	0.0	0.0
柠檬酸杆菌	66.7	100.0	83.3	100.0
爱德华氏菌	50.0	50.0	100.0	50.0

①气单胞菌

表 31 恩诺沙星对气单胞菌的 MIC 频数分布（n＝104）

供试药物	MIC$_{50}$（$\mu g/mL$）	MIC$_{90}$（$\mu g/mL$）	不同药物浓度（$\mu g/mL$）下的菌株数（株）											
			≥16	8	4	2	1	0.5	0.25	0.125	0.06	0.03	0.015	≤0.008
恩诺沙星	0.5	4	6	3	15	6	16	16	8	11	12	2	2	7

表 32 硫酸新霉素和氟甲喹对气单胞菌的 MIC 频数分布（n＝104）

供试药物	MIC$_{50}$（$\mu g/mL$）	MIC$_{90}$（$\mu g/mL$）	不同药物浓度（$\mu g/mL$）下的菌株数（株）										
			≥256	128	64	32	16	8	4	2	1	0.5	0.25	≤0.125
硫酸新霉素	1	8	2	2	2	1		7	7	28	29	15	7	4
氟甲喹	1	32	6	2		3	23	9	5		14	3	8	31

表 33　甲砜霉素和氟苯尼考对气单胞菌的 MIC 频数分布（$n=104$）

供试药物	MIC$_{50}$（μg/mL）	MIC$_{90}$（μg/mL）	不同药物浓度（μg/mL）下的菌株数（株）											
			≥512	256	128	64	32	16	8	4	2	1	0.5	≤0.25
甲砜霉素	8	≥512	34	5		3	6	3	8	3	11	22	8	1
氟苯尼考	2	128	6	4	8	12	4	5		8	20	34	3	

表 34　磺胺间甲氧嘧啶钠对气单胞菌的 MIC 频数分布（$n=104$）

供试药物	MIC$_{50}$（μg/mL）	MIC$_{90}$（μg/mL）	不同药物浓度（μg/mL）下的菌株数（株）									
			≥1 024	512	256	128	64	32	16	8	4	≤2
磺胺间甲氧嘧啶钠	64	≥1 024	43	1	1	2	6	5	18	12	12	4

表 35　磺胺甲噁唑/甲氧苄啶对气单胞菌的 MIC 频数分布（$n=104$）

供试药物	MIC$_{50}$（μg/mL）	MIC$_{90}$（μg/mL）	不同药物浓度（μg/mL）下的菌株数（株）									
			≥608/32	304/16	152/8	76/4	38/2	19/1	9.5/0.5	4.8/0.25	2.4/0.12	≤1.2/0.06
磺胺甲噁唑/甲氧苄啶	19/1	≥608/32	31	3	4	4	10	6	8	13	22	3

表 36　盐酸多西环素对气单胞菌的 MIC 频数分布（$n=104$）

供试药物	MIC$_{50}$（μg/mL）	MIC$_{90}$（μg/mL）	不同药物浓度（μg/mL）下的菌株数（株）											
			≥128	64	32	16	8	4	2	1	0.5	0.25	0.125	≤0.06
盐酸多西环素	0.5	32	9	1	2	4	6	5	17	2	18	5	14	21

②假单胞菌

表 37　恩诺沙星对假单胞菌的 MIC 频数分布（$n=45$）

供试药物	MIC$_{50}$（μg/mL）	MIC$_{90}$（μg/mL）	不同药物浓度（μg/mL）下的菌株数（株）											
			≥16	8	4	2	1	0.5	0.25	0.125	0.06	0.03	0.015	≤0.008
恩诺沙星	0.125	1	1	1	1	1	1	6	11	14	1	3	2	3

表 38　硫酸新霉素和氟甲喹对假单胞菌的 MIC 频数分布（$n=45$）

供试药物	MIC$_{50}$（μg/mL）	MIC$_{90}$（μg/mL）	不同药物浓度（μg/mL）下的菌株数（株）											
			≥256	128	64	32	16	8	4	2	1	0.5	0.25	≤0.125
硫酸新霉素	0.25	1		1	1						3	6	16	18
氟甲喹	0.5	16	1			2	2	1	5	3	6	7	7	11

表 39　甲砜霉素和氟苯尼考对假单胞菌的 MIC 频数分布（$n=45$）

供试药物	MIC$_{50}$ (μg/mL)	MIC$_{90}$ (μg/mL)	不同药物浓度（μg/mL）下的菌株数（株）											
			≥512	256	128	64	32	16	8	4	2	1	0.5	≤0.25
甲砜霉素	64	≥512	15	2	5	7	4	2	5	3		1	1	
氟苯尼考	64	≥512	9	3	7	8	4	2	3	3	3	1	2	

表 40　磺胺间甲氧嘧啶钠对假单胞菌的 MIC 频数分布（$n=45$）

供试药物	MIC$_{50}$ (μg/mL)	MIC$_{90}$ (μg/mL)	不同药物浓度（μg/mL）下的菌株数（株）									
			≥1 024	512	256	128	64	32	16	8	4	≤2
磺胺间甲氧嘧啶钠	256	≥1 024	12	1	10	1	1		1	4	10	5

表 41　磺胺甲噁唑/甲氧苄啶对假单胞菌的 MIC 频数分布（$n=45$）

供试药物	MIC$_{50}$ (μg/mL)	MIC$_{90}$ (μg/mL)	不同药物浓度（μg/mL）下的菌株数（株）									
			≥608/32	304/16	152/8	76/4	38/2	19/1	9.5/0.5	4.8/0.25	2.4/0.12	≤1.2/0.06
磺胺甲噁唑/甲氧苄啶	38/2	≥608/32	5	2	3	6	12	5	2	2	3	5

表 42　盐酸多西环素对假单胞菌的 MIC 频数分布（$n=45$）

供试药物	MIC$_{50}$ (μg/mL)	MIC$_{90}$ (μg/mL)	不同药物浓度（μg/mL）下的菌株数（株）											
			≥128	64	32	16	8	4	2	1	0.5	0.25	0.125	≤0.06
盐酸多西环素	≤0.06	2	1		1				2	3	5	2	4	27

③弧菌

表 43　恩诺沙星对弧菌的 MIC 频数分布（$n=15$）

供试药物	MIC$_{50}$ (μg/mL)	MIC$_{90}$ (μg/mL)	不同药物浓度（μg/mL）下的菌株数（株）											
			≥16	8	4	2	1	0.5	0.25	0.125	0.06	0.03	0.015	≤0.008
恩诺沙星	0.5	1			1		2		4	2	2	1	1	2

表 44　硫酸新霉素和氟甲喹对弧菌的 MIC 频数分布（$n=15$）

供试药物	MIC$_{50}$ (μg/mL)	MIC$_{90}$ (μg/mL)	不同药物浓度（μg/mL）下的菌株数（株）											
			≥256	128	64	32	16	8	4	2	1	0.5	0.25	≤0.125
硫酸新霉素	1	1								1	7	7		
氟甲喹	0.125	8	1					2	1					11

表 45　甲砜霉素和氟苯尼考对弧菌的 MIC 频数分布（$n=15$）

供试药物	MIC_{50} （μg/mL）	MIC_{90} （μg/mL）	不同药物浓度（μg/mL）下的菌株数（株）											
			≥512	256	128	64	32	16	8	4	2	1	0.5	≤0.25
甲砜霉素	2	≥512	2	1							5	3	4	
氟苯尼考	2	128	1		1	1					5	6		1

表 46　磺胺间甲氧嘧啶钠对弧菌的 MIC 频数分布（$n=15$）

供试药物	MIC_{50} （μg/mL）	MIC_{90} （μg/mL）	不同药物浓度（μg/mL）下的菌株数（株）									
			≥1 024	512	256	128	64	32	16	8	4	≤2
磺胺间甲氧嘧啶钠	2	≥1 024	2					1			1	11

表 47　磺胺甲噁唑/甲氧苄啶对弧菌的 MIC 频数分布（$n=15$）

供试药物	MIC_{50} （μg/mL）	MIC_{90} （μg/mL）	不同药物浓度（μg/mL）下的菌株数（株）									
			≥608/32	304/16	152/8	76/4	38/2	19/1	9.5/0.5	4.8/0.25	2.4/0.12	≤1.2/0.06
磺胺甲噁唑/甲氧苄啶	1.2/0.06	≥608/32	2							1	1	11

表 48　盐酸多西环素对弧菌的 MIC 频数分布（$n=15$）

供试药物	MIC_{50} （μg/mL）	MIC_{90} （μg/mL）	不同药物浓度（μg/mL）下的菌株数（株）											
			≥128	64	32	16	8	4	2	1	0.5	0.25	0.125	≤0.06
盐酸多西环素	≤0.06	0.5									2		1	12

3. 耐药性变化情况

与 2020 年、2021 年的监测结果相比，恩诺沙星、硫酸新霉素、氟甲喹等药物对 2022 年分离菌株的 MIC_{50} 基本持平，甲砜霉素、氟苯尼考、盐酸多西环素和 2 种磺胺类药物对 2022 年分离菌株的 MIC_{50} 降低（图 3）；恩诺沙星、硫酸新霉素、盐酸多西环素和氟甲喹等药物对 2022 年分离菌株的 MIC_{90} 降低，其余药物对 2022 年分离菌株的 MIC_{90} 均有所上升（图 4）。

三、分析与建议

2022 年度在浙江省中华鳖、大口黑鲈和黄颡鱼等淡水养殖品种分离的主要病原菌是气单胞菌，而大黄鱼等海水养殖品种分离的主要病原菌是假单胞菌和弧菌。

根据 CLSI 和 EUCAST 设置的菌株对药物敏感性判断标准，不同动物来源、不同养殖地区分离的菌株以及不同种类病原菌对药物敏感性存在以下特点：①本年度分离的细菌总体对恩诺沙星、硫酸新霉素、盐酸多西环素、氟甲喹等药物的耐受浓度均

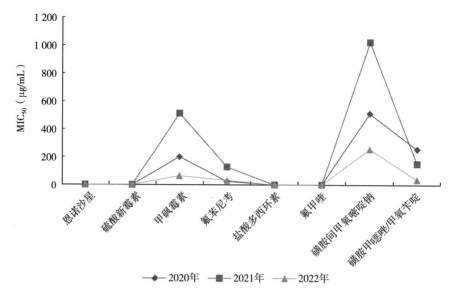

图 3 2020—2022 年 8 种药物对浙江省水生动物病原菌的 MIC$_{50}$

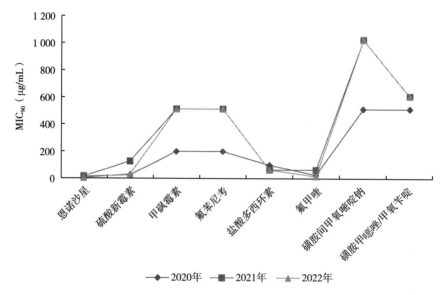

图 4 2020—2022 年 8 种药物对浙江省水生动物病原菌的 MIC$_{90}$

较低，对甲砜霉素、氟苯尼考和 2 种磺胺类药物的耐受浓度均较高；②不同动物来源的菌株对水产用抗菌药物的耐受程度不同，大黄鱼源细菌对恩诺沙星、硫酸新霉素、盐酸多西环素、氟甲喹均敏感，中华鳖源细菌、大口黑鲈源和黄颡鱼源细菌对 8 种抗菌药物中的多种均耐受；③淡、海水养殖地区菌株对恩诺沙星、硫酸新霉素、盐酸多西环素、氟甲喹等药物的耐受浓度均较低，对甲砜霉素、氟苯尼考和磺胺甲噁唑/甲氧苄啶的耐受浓度均较高，淡水菌株耐受而海水菌株敏感于磺胺间甲氧嘧啶钠；④2022 年分离的主要病原菌中柠檬酸杆菌耐药程度最严重，表现为对 6 种药物均耐受，而弧菌和诺卡氏菌的药物敏感程度最高。

　　根据监测结果，2022 年浙江省水生动物主要病原菌对恩诺沙星、硫酸新霉素、盐酸多西环素、氟甲喹的耐受浓度仍较低，且存在一定降低趋势，在实际生产中可优先考虑用于细菌性疾病的治疗；为了减缓水生动物病原菌对以上 4 种水产用抗菌药物抗性的增加，建议实际用药时根据药敏试验结果交替使用治疗。

2022年福建省水产养殖动物主要病原菌耐药性监测分析报告

王巧煌　元丽花　林　楠　陈燕婷　李水根

（福建省水产技术推广总站）

为了进一步了解和掌握水产养殖动物主要病原菌对水产用抗菌药物的耐药性情况及变化规律，指导科学使用水产用抗菌药物，提高细菌性疾病防控成效，推动水产养殖业绿色高质量发展，福建省重点从大黄鱼、对虾养殖品种中分离得到假单胞菌、弧菌等病原菌或疑似病原菌，并测定其对8种水产用抗菌药物的敏感性，具体结果如下。

一、材料与方法

1. 样品采集

2022年3—11月，每月分别从宁德市大黄鱼养殖区和漳州对虾养殖区采集发病或濒死的大黄鱼或对虾至少一次，并记录养殖场的发病情况、发病水温、用药情况以及水生动物死亡情况等信息。

2. 病原菌分离筛选

在无菌条件下，取患病大黄鱼的肝脏、肾脏、脾脏等部位分别接种于TSA培养基平板及取患病对虾的肝脏、胰腺接种于TCBS培养基平板，倒置于28℃培养18～24h，挑选优势菌落进一步纯化。

3. 病原菌鉴定及保存

挑取单个菌落接种于TSB液体培养基，于28℃恒温摇床培养18～24h后采用分子生物学方法进行鉴定，并将菌液与40%的甘油等量混合于−80℃保存。

4. 病原菌对抗菌药物的敏感性检测

供试药物种类有恩诺沙星、硫酸新霉素、甲砜霉素、氟苯尼考、盐酸多西环素、氟甲喹、磺胺间甲氧嘧啶钠和磺胺甲噁唑/甲氧苄啶。测定采用全国水产技术推广总站统一制定的药敏分析试剂板，生产单位为南京菲恩医疗科技公司，严格按照使用说明书进行操作。

5. 数据统计方法

根据美国临床实验室标准化协会（CLSI）发布的药物敏感性及耐药标准，气单胞菌和弧菌对药物的敏感性及耐药性判定范围划分如下：恩诺沙星（S敏感：MIC≤

$0.5\mu g/mL$，R 耐药：$MIC \geqslant 4\mu g/mL$）；氟苯尼考（S 敏感：$MIC \leqslant 2\mu g/mL$，R 耐药：$MIC \geqslant 8\mu g/mL$）；盐酸多西环素（S 敏感：$MIC \leqslant 4\mu g/mL$，R 耐药：$MIC \geqslant 16\mu g/mL$）；磺胺间甲氧嘧啶钠（S 敏感：$MIC \leqslant 256\mu g/mL$，R 耐药：$MIC \geqslant 512\mu g/mL$）；磺胺甲噁唑/甲氧苄啶（S 敏感：$MIC \leqslant 38/2\mu g/mL$，R 耐药：$MIC \geqslant 76/4\mu g/mL$）；硫酸新霉素、甲砜霉素、氟甲喹无耐药性判定参考值。分别抑制 50% 和 90% 病原菌生长的最小药物浓度（MIC_{50} 和 MIC_{90}）采用 SPSS 软件进行统计分析。

二、药敏测试结果

1. 病原菌分离鉴定总体情况

（1）大黄鱼源分离菌株总体情况

2022 年度从宁德主养区的大黄鱼体内共分离鉴定菌株 100 株。其中，假单胞菌属 65 株，费歇里弧菌 14 株，哈维氏弧菌 5 株，大菱鲆弧菌 4 株，美人鱼发光杆菌 3 株，创伤弧菌 2 株，坎氏弧菌、鳗弧菌和副溶血弧菌各 1 株，弧菌属其他细菌 4 株。分离菌株信息详见表 1。

表 1   大黄鱼源分离菌株信息

名称	不同月份所采集的菌株数量（株）										
	3 月	4 月	5 月	6 月	7 月	8 月	9 月	10 月	11 月	合计	占比
假单胞菌属	14	23	25		3					65	65%
费歇里弧菌									14	14	14%
哈维氏弧菌			4						1	5	5%
大菱鲆弧菌									4	4	4%
美人鱼发光杆菌				1	1				1	3	3%
创伤弧菌									2	2	2%
坎氏弧菌			1							1	1%
鳗弧菌					1					1	1%
副溶血弧菌									1	1	1%
弧菌属其他细菌			1	1	1				1	4	4%
合计	14	23	27	6	6				24	100	100%

（2）对虾源分离菌株总体情况

2022 年度从漳州主养区的对虾体内共分离鉴定菌株 40 株。其中，弧菌属 34 株，气单胞菌属 6 株。分离菌株信息详见表 2。

2. 病原菌对不同抗菌药物的耐药性分析

（1）大黄鱼源分离菌株对抗菌药物的耐药性

从分离得到的 100 株大黄鱼源病原菌或疑似病原菌中挑选 63 株开展药物敏感性试验。

表 2 对虾源分离菌株信息

名称	不同月份所采集的菌株数量（株）								
	5月	6月	7月	8月	9月	10月	11月	合计	占比
弧菌属	6		3	3		2	20	34	85％
气单胞菌属			2	2			2	6	15％
合计	6		5	5		2	22	40	100％

①大黄鱼源假单胞菌对抗菌药物的敏感性

从分离得到的 63 株大黄鱼源假单胞菌中挑选具有代表性的 30 株开展药物敏感性试验，其结果详见表 3 至表 4。从表上可以看出，大黄鱼源假单胞菌对 8 种水产用抗菌药物的敏感性表现不一。其中，恩诺沙星、硫酸新霉素、盐酸多西环素对大黄鱼源假单胞菌的 MIC 分别集中在 $0.5\sim8\mu g/mL$、$0.25\mu g/mL$、$0.25\sim2\mu g/mL$，MIC_{90} 分别为 $5.702\mu g/mL$、$0.380\mu g/mL$、$1.190\mu g/mL$，其 MIC_{90} 相对较低。磺胺间甲氧嘧啶钠对大黄鱼源假单胞菌的 MIC 主要集中在 $32\sim256\mu g/mL$，其 MIC_{90} 为 $310.022\mu g/mL$。氟甲喹、甲砜霉素、氟苯尼考和磺胺甲噁唑/甲氧苄啶对大黄鱼源假单胞菌的 MIC 分别集中在 $4\sim64\mu g/mL$、$16\sim256\mu g/mL$、$64\sim512\mu g/mL$ 和 $38/2\sim152/8\mu g/mL$，MIC_{90} 分别为 $34.288\mu g/mL$、$155.072\mu g/mL$、$300.140\mu g/mL$、$144.507/7.146\mu g/mL$，其 MIC_{90} 相对较高。

②大黄鱼源弧菌对抗菌药物的敏感性

开展 33 株大黄鱼源弧菌对 8 种水产用抗菌药物的药物敏感性试验，结果详见表 5 至表 6。从表上可以看出，大黄鱼源弧菌对 8 种水产用抗菌药物的敏感性各有不同。其中，磺胺间甲氧嘧啶钠对大黄鱼源弧菌的 MIC 主要集中在 $2\mu g/mL$、$32\sim128\mu g/mL$ 和 $512\sim\geqslant1\ 024\mu g/mL$，$MIC_{90}$ 为 $122.162\mu g/mL$；氟苯尼考对大黄鱼源弧菌的 MIC 主要集中在 $1\sim2\mu g/mL$，MIC_{90} 为 $18.671\mu g/mL$；盐酸多西环素对大黄鱼源弧菌的 MIC 主要集中在 $0.06\mu g/mL$ 和 $2\sim64\mu g/mL$，MIC_{90} 为 $7.516\mu g/mL$；磺胺甲噁唑/甲氧苄啶对大黄鱼源弧菌的 MIC 主要集中在 $1.2/0.06\sim2.4/0.12\mu g/mL$ 和 $76/4\sim\geqslant608/32\mu g/mL$ 2 个区间，MIC_{90} 为 $117.628/6.243\mu g/mL$；恩诺沙星对大黄鱼源弧菌的 MIC 集中在 $\leqslant0.008\sim0.25\mu g/mL$ 和 $1\sim16\mu g/mL$ 2 个区间，MIC_{90} 为 $1.446\mu g/mL$；硫酸新霉素、氟甲喹、甲砜霉素对大黄鱼源弧菌的 MIC 分别主要集中在 $0.125\sim4\mu g/mL$、$0.125\sim32\mu g/mL$ 和 $0.25\sim2\mu g/mL$，硫酸新霉素和氟甲喹的 MIC_{90} 相对较低，分别为 $1.192\mu g/mL$ 和 $3.788\mu g/mL$；而甲砜霉素的 MIC_{90} 相对较高，为 $52.427\mu g/mL$。

（2）对虾源分离菌株对抗菌药物的耐药性

①对虾源弧菌对抗菌药物的敏感性

开展 34 株对虾源弧菌对 8 种水产用抗菌药物的药物敏感性试验，结果详见表 7 至表 8。从表上可以看出，对虾源弧菌对 8 种水产用抗菌药物的敏感性各有不同。其

表 3　7 种水产用抗菌药物对大黄鱼源假单胞菌的 MIC 频数分布 （n＝30）

供试药物	MIC$_{50}$ (μg/mL)	MIC$_{90}$ (μg/mL)	不同药物浓度（μg/mL）下的菌株数（株）																	
			≥1 024	512	256	128	64	32	16	8	4	2	1	0.5	0.25	0.125	0.06	0.03	0.015	≤0.008
恩诺沙星	1.340	5.702								11	1	1	8	9						
硫酸新霉素	0.185	0.380													30					
氟甲喹	9.343	34.288					6	6		9	9									
甲砜霉素	71.700	155.072			3	19	5	2	1											
氟苯尼考	133.671	300.140		1	19	8	2													
盐酸多西环素	0.681	1.190										4	22	3	1					
磺胺间甲氧嘧啶钠	173.594	310.022		4	23	1	1	1												

表 4　磺胺甲噁唑/甲氧苄啶对大黄鱼源假单胞菌的 MIC 频数分布 （n＝30）

供试药物	MIC$_{50}$ (μg/mL)	MIC$_{90}$ (μg/mL)	不同药物浓度（μg/mL）下的菌株数（株）									
			≥608/32	304/16	152/8	76/4	38/2	19/1	9.5/0.5	4.8/0.25	2.4/0.12	1.2/0.06
磺胺甲噁唑/甲氧苄啶	87.895/4.625	144.507/7.146		1	6	23						

表 5 7 种水产用抗菌药物对大黄鱼源弧菌的 MIC 频数分布 （n=33）

供试药物	MIC$_{50}$（μg/mL）	MIC$_{90}$（μg/mL）	≥1 024	512	256	128	64	32	16	8	4	2	1	0.5	0.25	0.125	0.06	0.03	0.015	≤0.008
																	不同药物浓度（μg/mL）下的菌株数（株）			
恩诺沙星	0.099	1.446							1	1	1	2	4		4	4	1	13	1	1
硫酸新霉素	0.507	1.192									1	4	10	15	2	1				
氟甲喹	0.072	3.788						1	1	2	4	1		1	1	22				
甲砜霉素	1.411	52.427		3	2							14	6	7	1					
氟苯尼考	1.741	18.671		1			4	1	3	2		11	17							
盐酸多西环素	0.006	7.516				1	1					1					25			
磺胺间甲氧嘧啶钠	1.047	122.162	1	2		1	3	4				22								

表 6 磺胺甲噁唑/甲氧苄啶对大黄鱼源弧菌的 MIC 频数分布 （n=33）

供试药物	MIC$_{50}$（μg/mL）	MIC$_{90}$（μg/mL）	≥608/32	304/16	152/8	76/4	38/2	19/1	9.5/0.5	4.8/0.25	2.4/0.12	1.2/0.06
							不同药物浓度（μg/mL）下的菌株数（株）					
磺胺甲噁唑/甲氧苄啶	0.575/0.029	117.628/6.243	1	2	3	2	3		1		6	18

表 7　7 种水产用抗菌药物对虾源弧菌的 MIC 频数分布 （n=34）

供试药物	MIC50 (μg/mL)	MIC90 (μg/mL)	≥1 024	512	256	128	64	32	16	8	4	2	1	0.5	0.25	0.125	0.06	0.03	0.015	≤0.008
			— 不同药物浓度 （μg/mL） 下的菌株数 （株）																	
恩诺沙星	0.042	0.299										1			9	9	2	5		8
硫酸新霉素	0.608	1.592									2	6	16	3	7					
氟甲喹	0.125	1.071								1	2	2		3	7	19				
甲砜霉素	1.351	8.813		1						1	6	10	13	3						
氟苯尼考	1.389	5.624							1		7	13	10	3						
盐酸多西环素	0.06	0.629							1		1	2			2	6	22			
磺胺间甲氧嘧啶钠	2	18.069	1		1			1	2		4	25								

表 8　磺胺甲噁唑/甲氧苄啶对虾源弧菌对的 MIC 频数分布 （n=34）

供试药物	MIC50 (μg/mL)	MIC90 (μg/mL)	≥608/32	304/16	152/8	76/4	38/2	19/1	9.5/0.5	4.8/0.25	2.4/0.12	1.2/0.06
			— 不同药物浓度 （μg/mL） 下的菌株数 （株）									
磺胺甲噁唑/甲氧苄啶	0.06/0.06	7.266/0.374	1	1				1		5		26

中，恩诺沙星对对虾源弧菌的 MIC 主要集中在 ≤0.008～2μg/mL，MIC_{90} 为 0.299μg/mL；盐酸多西环素对对虾源的 MIC 主要集中在 0.06～0.25μg/mL，MIC_{90} 为 0.629μg/mL；磺胺间甲氧嘧啶钠对对虾源的 MIC 主要集中在 2～4μg/mL，MIC_{90} 为 18.069μg/mL；磺胺甲噁唑/甲氧苄啶对对虾源的 MIC 主要集中在 1.2/0.06～2.4/0.12μg/mL，MIC_{90} 为 7.266/0.374μg/mL；氟苯尼考对对虾源弧菌的 MIC 主要集中在 0.5～4μg/mL，MIC_{90} 为 5.624μg/mL；氟甲喹、硫酸新霉素和甲砜霉素对对虾源弧菌的 MIC 分别主要集中在 0.125～0.5μg/mL、0.25～4μg/mL 和 0.5～8μg/mL，其 MIC_{90} 分别为 1.071μg/mL、1.592μg/mL 和 8.813μg/mL。

②抗菌药物对对虾源气单胞菌的 MIC 值

8 种水产用抗菌药物对 6 株对虾源气单胞菌的 MIC 见表 9。从表上可以看出，6 株对虾源气单胞菌对 8 种水产用抗菌药物的敏感性各有不同。其中，盐酸多西环素对对虾源气单胞菌的 MIC 主要集中在 ≤0.06μg/mL；氟甲喹对对虾源气单胞菌的 MIC 主要集中在 ≤0.125μg/mL；恩诺沙星对对虾源气单胞菌的 MIC 主要集中在 ≤0.008～0.5μg/mL；硫酸新霉素对对虾源气单胞菌的 MIC 主要集中在 0.5～4μg/mL；甲砜霉素和氟苯尼考对对虾源气单胞菌的 MIC 主要集中在 1～2μg/mL；磺胺甲噁唑/甲氧苄啶对对虾源气单胞菌的 MIC 主要集中在 ≤1.2/0.06～4.8/0.25μg/mL；磺胺间甲氧嘧啶钠对对虾源气单胞菌的 MIC 主要集中在 ≤2～8μg/mL。

表 9　不同抗菌药物对对虾源气单胞菌的 MIC

单位：μg/mL

细菌编号	菌种鉴定	恩诺沙星	硫酸新霉素	氟甲喹	甲砜霉素	氟苯尼考	盐酸多西环素	磺胺间甲氧嘧啶钠	磺胺甲噁唑/甲氧苄啶
FZL 220711 X4 TCBS	气单胞菌属	≤0.008	1	≤0.125	1	1	≤0.06	≤2	≤1.2/0.06
FZL 220711 X5 TCBS	气单胞菌属	≤0.008	0.5	≤0.125	2	2	≤0.06	≤2	≤1.2/0.06
FZL 220830 X2 TCBS	气单胞菌属	0.5	2	8	2	1	≤0.06	8	4.8/0.25
FZL 220830 X4 TCBS	气单胞菌属	≤0.008	2	≤0.125	1	1	≤0.06	8	2.4/0.12
FZL 221107 X6 TCBS	气单胞菌属	0.125	4	2	2	2	4	8	4.8/0.25
FZL 221109 X5 TCBS	气单胞菌属	0.03	1	≤0.125	1	1	≤0.06	≤2	≤1.2/0.06

3. 耐药性变化情况

由于 2021 年只筛选到 8 株大黄鱼源假单胞菌；2021 年和 2022 年分别筛选到 1 株和 6 株对虾源气单胞菌，缺乏统计学意义。因此，本报告只对大黄鱼源弧菌和对虾源弧菌进行耐药性年度变化情况分析。

（1）大黄鱼源弧菌耐药性的年度变化情况

比较水产用抗菌药物对 2021 年、2022 年福建省大黄鱼源弧菌的 MIC_{90} 和菌株耐药率，详见表 10 和图 1。结果发现，与 2021 年相比，8 种水产用抗菌药物对 2022 年分离的大黄鱼源弧菌的 MIC_{90} 均呈现大幅度降低，下降幅度从大到小依次为氟甲喹、盐酸多西环素、磺胺间甲氧嘧啶钠、磺胺甲噁唑/甲氧苄啶、甲砜霉素、恩诺沙星、硫酸新霉素和氟苯尼考。从耐药率变化来看，与 2021 年相比，2022 年分离的大黄鱼源弧菌对 8 种水产用抗菌药物的耐药率均呈不同程度降低。

表 10　水产抗菌药物对 2021 年和 2022 年大黄鱼源弧菌的 MIC$_{90}$ 及菌株耐药率

供试药物	MIC$_{90}$（μg/mL）		耐药率（%）	
	2021 年	2022 年	2021 年	2022 年
恩诺沙星	5.06	1.446	23.08	9.09
硫酸新霉素	3.73	1.192	——	——
氟甲喹	104.72	3.788	——	——
甲砜霉素	185.94	52.427	——	——
氟苯尼考	48.37	18.671	34.62	15.15
盐酸多西环素	53.57	7.516	19.23	15.15
磺胺间甲氧嘧啶钠	835.71	122.162	19.23	9.09
磺胺甲噁唑/甲氧苄啶	561.73/30.16	117.628/6.243	26.92	24.24

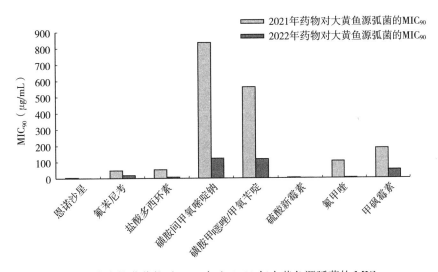

图 1　水产抗菌药物对 2021 年和 2022 年大黄鱼源弧菌的 MIC$_{90}$

（2）对虾源弧菌耐药性的年度变化情况

比较水产用抗菌药物对 2021 年、2022 年福建省对虾源弧菌的 MIC$_{90}$ 和菌株耐药率，详见表 11 和图 2。结果发现，与 2021 年相比，除硫酸新霉素和氟甲喹外，其他药物对 2022 年分离的对虾源弧菌的 MIC$_{90}$ 均呈不同程度降低；硫酸新霉素和氟甲喹对 2022 年分离的对虾源弧菌的 MIC$_{90}$ 有所升高，分别升高 78.9% 和 569.4%。从耐药率来看，与 2021 年相比，2022 年分离的对虾源弧菌对恩诺沙星的耐药率呈现出不变的趋势；而对磺胺甲噁唑/甲氧苄啶、磺胺间甲氧嘧啶钠、氟苯尼考和盐酸多西环素的耐药率大幅下降。

表 11 水产抗菌药物对 2021 年和 2022 年对虾源弧菌的 MIC$_{90}$ 及菌株耐药率

供试药物	MIC$_{90}$ （μg/mL）		耐药率（%）	
	2021 年	2022 年	2021 年	2022 年
恩诺沙星	0.42	0.299	0	0
硫酸新霉素	0.89	1.592	—	—
氟甲喹	0.16	1.071	—	—
甲砜霉素	32.78	8.813	—	—
氟苯尼考	12.61	5.624	10.71	2.94
盐酸多西环素	5.46	0.629	7.14	2.94
磺胺间甲氧嘧啶钠	982.32	18.069	14.29	2.94
磺胺甲噁唑/甲氧苄啶	278.13/14.89	7.266/0.374	32.14	5.88

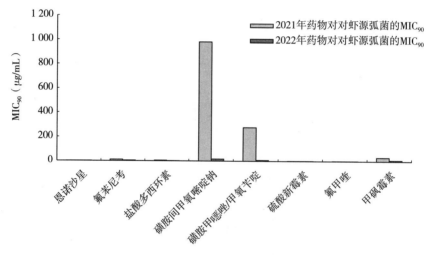

图 2 水产抗菌药物对 2021 年和 2022 年对虾源弧菌的 MIC$_{90}$

三、分析与建议

1. 试验结果分析及用药建议

2022 年度共开展 30 株大黄鱼源假单胞菌和 33 株大黄鱼源弧菌的药物敏感性试验，结果表明大黄鱼源假单胞菌对恩诺沙星、硫酸新霉素和盐酸多西环素相对比较敏感；而大黄鱼源弧菌对磺胺间甲氧嘧啶钠和氟苯尼考相对较敏感。这与往年的监测结果基本一致，但与前几年相比，大黄鱼源假单胞菌对恩诺沙星的耐药性呈现小幅度上升的趋势，可能与实际生产中该种类药物的使用量增加有直接关系；且根据养殖户现场的用药效果反馈，虽然体外药物试验结果为大黄鱼源假单胞菌对硫酸新霉素比较敏感，但是由于硫酸新霉素不利于吸收，实际治疗大黄鱼假单胞菌感染的效果并不理想。因此，建议养殖户在使用抗菌药物治疗大黄鱼假单胞菌感染时，应根据体外的药物敏感性检测结果优先精准使用恩诺沙星和盐酸多西环素，并两者轮流使用，避免长期使用单一抗菌药物产生耐药性。

2022 年度开展 34 株对虾源弧菌的药物敏感性试验，结果表明对虾源弧菌对恩诺沙星、盐酸多西环素、磺胺间甲氧嘧啶钠相对较敏感，敏感率均为 97.06%；对磺胺甲噁唑/甲氧苄啶的敏感率为 94.12%。与往年相比，除硫酸新霉素和氟甲喹外，其余 6 种所检抗菌药物对 2022 年分离的对虾源弧菌的 MIC_{90} 均呈现下降趋势，耐药率也大幅下降（表 11），这可能是由于近年来福建大多数养殖户在对虾养殖生产过程中采用"生物絮团"等绿色生态健康养殖技术及规范使用微生态制剂、中草药制剂等抗菌药物替代品来防治对虾细菌性疾病，不用或减少使用各类抗菌药物，使得对虾源病原菌对抗菌药物的耐药率持续下降。因此，为防止耐药致病菌的产生和扩散、加剧细菌性疾病的防治难度以及引起水产品质量安全问题，建议在对虾养殖过程中慎重使用抗菌药物。

2. 加大力度研发抗菌药物替代品

抗菌药物的过度使用会增加细菌的耐药性，对养殖水体也会有一定程度的破坏。因此，加大力度研发相应的水产疫苗、中草药及其他微生态制剂以减少抗菌药物在水产养殖过程中的使用，可以有效避免细菌耐药性的产生。

3. 加快制定水生动物各主要病原菌对抗菌药物的耐药折点

目前，主要参考的是美国临床实验室标准化协会（CLSI）发布的药物敏感性及耐药标准，很多水生动物病原菌对抗菌药物没有相应的耐药折点，无法根据药物敏感性试验结果判断耐药或者敏感，无法充分地利用药物敏感性试验结果指导养殖用户科学、精准用药，因此，急需加快制定水生动物各主要病原菌对抗菌药物的耐药折点。

2022年山东省水产养殖动物主要病原菌耐药性监测分析报告

潘秀莲[1] 王文慧[2] 徐玉龙[3] 杨凤香[4] 王文杰[5]

（1. 山东省渔业发展和资源养护总站 2. 鱼台县渔业发展服务中心
3. 聊城市茌平区水产渔业技术推广服务中心
4. 济宁市渔业发展和资源养护中心 5. 海阳市海洋与渔业综合服务中心）

为了解掌握水产养殖动物主要病原菌耐药性情况及变化规律，指导科学使用水产用抗菌药物，提高细菌性病害防控成效，推动渔业绿色高质量发展，2022年山东省重点从克氏原螯虾和大口黑鲈两个养殖品种中分离得到柠檬酸杆菌、气单胞菌、弧菌等病原菌，并测定其对8种水产用抗菌药物的敏感性，具体结果如下。

一、材料与方法

1. 样品采集

确定济宁市鱼台县渔业发展服务中心为克氏原螯虾病原菌耐药性普查试点具体实施单位，确定聊城市茌平区水产渔业技术推广服务中心为大口黑鲈病原菌耐药性普查试点具体实施单位。

（1）克氏原螯虾

试验样品采样点为鱼台县渔湖湾渔业发展有限公司、济宁裕米丰生态农业有限公司、鱼台源绿生态农业有限公司。供试菌株是从患病克氏原螯虾体内分离的病原菌。2022年4—10月每月采集试验样品3～7尾，累计采样21次，共计100尾。

（2）大口黑鲈

试验样品采样点为山东泰丰鸿基农业科技开发有限公司（以下简称"泰丰公司"）、茌平县路通淡水养殖专业合作社（以下简称"路通合作社"）和茌平润生养殖专业合作社（以下简称"润生合作社"）。供试菌株是从病鱼体内分离的病原菌。2022年4—10月，采集具有典型病症的病鱼试验样品，无病症时采集正常样品例行检验，每个采样点采集样品2～3尾，累计采样27次，共计58尾。

2. 病原菌分离筛选及保存

采集定点养殖场中发病濒死或有典型病症的克氏原螯虾活体充氧带回实验室，当天完成解剖。选取病灶组织、肌肉、肝、胰、肠、鳃等组织或器官接种于选择性培养基中，分离病原菌。其中弧菌接种于TCBS培养基分离培养，其他菌接种于普通培养基分离培养，培养条件为 28℃±1℃，24～48h 后观察菌落特征，挑取单菌落接种于普通培养基和 TCBS 培养基纯化，纯化后的细菌用甘油保种，置-20℃冻存备用。

3. 供试菌株最小抑菌浓度的测定

采用全国水产技术推广总站统一制定的 96 孔药敏板，内含恩诺沙星、硫酸新霉素、甲砜霉素、氟苯尼考、盐酸多西环素、氟甲喹、磺胺间甲氧嘧啶钠、磺胺甲噁唑/甲氧苄啶，共计 8 种供试水产用抗菌药物，对分离出的病原菌进行最小抑菌浓度（MIC）的测定。

4. 数据统计方法

根据美国临床实验室标准研究所（CLSI）发布的药物敏感性及耐药性标准对菌株耐药性进行判别。恩诺沙星：S 敏感，MIC≤0.5μg/mL；R 耐药，MIC≥4μg/mL；盐酸多西环素、氟甲喹：S 敏感，MIC≤4μg/mL；I 中敏，MIC＝8μg/mL；R 耐药，MIC≥16μg/mL；氟苯尼考、甲砜霉素、硫酸新霉素：S 敏感，MIC≤2μg/mL；I 中敏，MIC＝4μg/mL；R 耐药，MIC≥8μg/mL；磺胺甲噁唑/甲氧苄啶：S 敏感，MIC≤38/2μg/mL；R 耐药，MIC≥76/4μg/mL；磺胺间甲氧嘧啶钠：S 敏感，MIC≤256μg/mL；R 耐药，MIC≥512μg/mL。应用 SPSS 软件统计试验结果。

菌株敏感率（%）＝（敏感菌株数量÷菌株总数）×100%；MIC_{50} 为抑制 50%受试菌株生长所需的最小抑菌浓度；MIC_{90} 为抑制 90%受试菌株生长所需的最小抑菌浓度。

二、药敏测试结果

1. 病原菌分离鉴定总体情况

（1）克氏原螯虾

从克氏原螯虾体内共分离纯化获得病原菌 60 株，经杭州市食品药品研究院测序鉴定，最终反馈回 56 株测序结果。在测回的 56 株菌中，杆菌属 25 株（41.67%），包括 20 株柠檬酸杆菌、1 布氏柠檬酸杆菌、1 株莫林柠檬酸杆菌、1 株啮齿类柠檬酸杆菌、1 株弗氏柠檬酸杆菌、1 株深海微小杆菌；气单胞菌属 31 株（51.67%），包括 11 株维氏气单胞菌、17 株温和气单胞菌、3 株嗜水气单胞菌。

（2）大口黑鲈

从大口黑鲈体内共分离纯化获得病原菌 49 株。根据菌落颜色及显微镜检初步判断，其中 22 株为气单胞菌、15 株为弧菌，其余 12 株需进一步鉴定，见图 2。

2. 病原菌耐药性分析

（1）克氏原螯虾

①气单胞菌对水产用抗菌药物的敏感性

8 种抗菌药物对 31 株气单胞菌的 MIC 频数分布如表 1 至表 6 所示。恩诺沙星、硫酸新霉素、氟甲喹、盐酸多西环素对气单胞菌属的 MIC_{50} 集中在≤0.5μg/mL，分离菌对这 4 种药物较为敏感；磺胺甲噁唑/甲氧苄啶、磺胺间甲氧嘧啶钠、甲砜霉素

对气单胞菌属的 MIC_{90} 分别为 $\geqslant 608/32\mu g/mL$、$\geqslant 1\,024\mu g/mL$、$256\mu g/mL$，说明分离菌对这3种药物相对耐药。

表 1 恩诺沙星对克氏原螯虾源气单胞菌属的 MIC 频数分布（$n=31$）

供试药物	敏感率 (%)	MIC_{50} ($\mu g/mL$)	MIC_{90} ($\mu g/mL$)	16	8	4	2	1	0.5	0.25	0.125	0.06	0.03	0.015	0.008
				不同药物浓度（$\mu g/mL$）下的菌株数（株）											
恩诺沙星	100%	0.03	0.125				1		1	6	3	5	3	12	

表 2 硫酸新霉素、氟甲喹对克氏原螯虾源气单胞菌属的 MIC 频数分布（$n=31$）

供试药物	敏感率 (%)	MIC_{50} ($\mu g/mL$)	MIC_{90} ($\mu g/mL$)	256	128	64	32	16	8	4	2	1	0.5	0.25	0.125
				不同药物浓度（$\mu g/mL$）下的菌株数（株）											
硫酸新霉素	81%	0.5	4						3	3	4	4	8	2	7
氟甲喹	81%	0.5	$\geqslant 256$	4		1		1				6	6	2	11

表 3 甲砜霉素、氟苯尼考对克氏原螯虾源气单胞菌属的 MIC 频数分布（$n=31$）

供试药物	敏感率 (%)	MIC_{50} ($\mu g/mL$)	MIC_{90} ($\mu g/mL$)	512	256	128	64	32	16	8	4	2	1	0.5	0.25
				不同药物浓度（$\mu g/mL$）下的菌株数（株）											
甲砜霉素	35%	8	256	2	6	3		1		5	3	6	5		
氟苯尼考	45%	4	64	1		2	6	2		1	4	9	4	1	

表 4 盐酸多西环素对克氏原螯虾源气单胞菌属的 MIC 频数分布（$n=31$）

供试药物	敏感率 (%)	MIC_{50} ($\mu g/mL$)	MIC_{90} ($\mu g/mL$)	128	64	32	16	8	4	2	1	0.5	0.25	0.125	0.06
				不同药物浓度（$\mu g/mL$）下的菌株数（株）											
盐酸多西环素	68%	0.5	64	2	1		3	4	3	1	1	7	1		8

表 5 磺胺间甲氧嘧啶钠对克氏原螯虾源气单胞菌属的 MIC 频数分布（$n=31$）

供试药物	敏感率 (%)	MIC_{50} ($\mu g/mL$)	MIC_{90} ($\mu g/mL$)	1 024	512	256	128	64	32	16	8	4	2
				不同药物浓度（$\mu g/mL$）下的菌株数（株）									
磺胺间甲氧嘧啶钠	48%	512	$\geqslant 1\,024$	13	3		4		2			2	7

表 6 磺胺甲噁唑/甲氧苄啶对克氏原螯虾源气单胞菌属的 MIC 频数分布（$n=31$）

供试药物	敏感率 (%)	MIC_{50} ($\mu g/mL$)	MIC_{90} ($\mu g/mL$)	608/32	304/16	152/8	76/4	38/2	19/1	9.5/0.5	4.8/0.25	2.4/0.12	1.2/0.06
				不同药物浓度（$\mu g/mL$）下的菌株数（株）									
磺胺甲噁唑/甲氧苄啶	32%	304/16	$\geqslant 608/32$	11	5	2	3	2	2	2	1	1	2

②杆菌属对水产用抗菌药物的敏感性

8 种抗菌药物对 25 株杆菌的 MIC 频数分布如表 7 至表 12 所示。恩诺沙星、硫酸新霉素、氟甲喹、盐酸多西环素对杆菌属的 MIC_{50} 集中在 $\leqslant 1\mu g/mL$，25 株杆菌对这 4 种药物较为敏感；而杆菌属对氟苯尼考、磺胺间甲氧嘧啶钠、磺胺甲噁唑/甲氧苄啶、甲砜霉素相对不敏感。

表 7　恩诺沙星对克氏原螯虾源杆菌属的 MIC 频数分布（$n=25$）

供试药物	敏感率(%)	MIC_{50}(μg/mL)	MIC_{90}(μg/mL)	不同药物浓度（μg/mL）下的菌株数（株）											
				16	8	4	2	1	0.5	0.25	0.125	0.06	0.03	0.015	0.008
恩诺沙星	100%	0.015	0.125				1		1		4	3	3	1	12

表 8　硫酸新霉素、氟甲喹对克氏原螯虾源杆菌属的 MIC 频数分布（$n=25$）

供试药物	敏感率(%)	MIC_{50}(μg/mL)	MIC_{90}(μg/mL)	不同药物浓度（μg/mL）下的菌株数（株）											
				256	128	64	32	16	8	4	2	1	0.5	0.25	0.125
硫酸新霉素	88%	0.5	4					1	1	1	3	4	8	2	5
氟甲喹	80%	0.5	≥256	4				1		1	2	1	8	2	6

表 9　甲砜霉素、氟苯尼考对克氏原螯虾源杆菌属的 MIC 频数分布（$n=25$）

供试药物	敏感率(%)	MIC_{50}(μg/mL)	MIC_{90}(μg/mL)	不同药物浓度（μg/mL）下的菌株数（株）											
				512	256	128	64	32	16	8	4	2	1	0.5	0.25
甲砜霉素	24%	16	128		2	2	2	3	2	4	1	5			
氟苯尼考	40%	4	64		2	1	5	3	1	3	4	6			

表 10　盐酸多西环素对克氏原螯虾源杆菌属的 MIC 频数分布（$n=25$）

供试药物	敏感率(%)	MIC_{50}(μg/mL)	MIC_{90}(μg/mL)	不同药物浓度（μg/mL）下的菌株数（株）											
				128	64	32	16	8	4	2	1	0.5	0.25	0.125	0.06
盐酸多西环素	84%	1	8	1				3	5	3	2				8

表 11　磺胺间甲氧嘧啶钠对克氏原螯虾源杆菌属的 MIC 频数分布（$n=25$）

供试药物	敏感率(%)	MIC_{50}(μg/mL)	MIC_{90}(μg/mL)	不同药物浓度（μg/mL）下的菌株数（株）									
				1 024	512	256	128	64	32	16	8	4	2
磺胺间甲氧嘧啶钠	72%	128	≥1 024	7		3	3		1	2	7		2

表 12 磺胺甲噁唑/甲氧苄啶对克氏原螯虾源杆菌属的 MIC 频数分布 （$n=25$）

供试药物	敏感率（%）	MIC$_{50}$（μg/mL）	MIC$_{90}$（μg/mL）	不同药物浓度（μg/mL）下的菌株数（株）									
				608/32	304/16	152/8	76/4	38/2	19/1	9.5/0.5	4.8/0.25	2.4/0.12	1.2/0.06
磺胺甲噁唑/甲氧苄啶	60%	19/1	≥608/32	6	1	1	2	1	2	3	2	3	4

（2）大口黑鲈

①病原菌对抗菌药物的敏感性

恩诺沙星、硫酸新霉素、盐酸多西环素对大口黑鲈所有病原菌的 MIC$_{90}$ 分别为 1μg/mL、4μg/mL、64μg/mL，病原菌对这 3 种药物较为敏感；氟苯尼考、甲砜霉素、氟甲喹对大口黑鲈所有病原菌的 MIC$_{90}$ 均≥128μg/mL，病原菌对这 3 种药物表现为耐药；病原菌对 2 种磺胺类药物表现为耐药，MIC$_{90}$ 达到或接近检测上限，见表 13 至表 18。

表 13 恩诺沙星对病原菌的 MIC 频数分布 （$n=49$）

供试药物	敏感率（%）	MIC$_{50}$（μg/mL）	MIC$_{90}$（μg/mL）	不同药物浓度（μg/mL）下的菌株数（株）											
				16	8	4	2	1	0.5	0.25	0.125	0.06	0.03	0.015	0.008
恩诺沙星	89.8	0.25	1				1	4		20	13		4	7	

表 14 硫酸新霉素、氟甲喹对病原菌的 MIC 频数分布 （$n=49$）

供试药物	敏感率（%）	MIC$_{50}$（μg/mL）	MIC$_{90}$（μg/mL）	不同药物浓度（μg/mL）下的菌株数（株）											
				256	128	64	32	16	8	4	2	1	0.5	0.25	0.125
硫酸新霉素	71.43	2	4					2		12	25	3	7		
氟甲喹	0	64	128	20	18			1		10					

表 15 甲砜霉素、氟苯尼考对病原菌的 MIC 频数分布 （$n=49$）

供试药物	敏感率（%）	MIC$_{50}$（μg/mL）	MIC$_{90}$（μg/mL）	不同药物浓度（μg/mL）下的菌株数（株）											
				512	256	128	64	32	16	8	4	2	1	0.5	0.25
甲砜霉素	0	≥512	≥512	30	8		2	4		4	1				
氟苯尼考	34.69	8	256		6	10		1	1	8	6	17			

表 16 盐酸多西环素对病原菌的 MIC 频数分布 （$n=49$）

供试药物	敏感率（%）	MIC$_{50}$（μg/mL）	MIC$_{90}$（μg/mL）	不同药物浓度（μg/mL）下的菌株数（株）											
				128	64	32	16	8	4	2	1	0.5	0.25	0.125	0.06
多盐酸西环素	75.51	2	64		10		1	1	1		20	16			

表 17　磺胺间甲氧嘧啶钠对病原菌的 MIC 频数分布（$n=49$）

供试药物	敏感率（%）	MIC_{50}（μg/mL）	MIC_{90}（μg/mL）	不同药物浓度（μg/mL）下的菌株数（株）											
				1 024	512	256	128	64	32	16	8	4	2	1	0.5
磺胺间甲氧嘧啶钠	18.37	≥1 024	≥1 024	30	10	3	6								

表 18　磺胺甲噁唑/甲氧苄啶对病原菌的 MIC 频数分布（$n=49$）

供试药物	敏感率（%）	MIC_{50}（μg/mL）	MIC_{90}（μg/mL）	不同药物浓度（μg/mL）下的菌株数（株）								
				608/32	304/16	152/8	76/4	38/2	19/1	9.5/0.5	4.8/0.25	2.4/0.12	1.2/0.06
磺胺甲噁唑/甲氧苄啶	2.04	≥608/32	≥608/32	38	9		1	1					

恩诺沙星、硫酸新霉素、盐酸多西环素对大口黑鲈源气单胞菌属的 MIC_{90} 均≤4μg/mL 大口黑鲈源气单胞菌属对表现为敏感；氟苯尼考、甲砜霉素、氟甲喹对大口黑鲈源气单胞菌属的 MIC_{90} 均≥128μg/mL，这 3 种药物表现为耐药；大口黑鲈源气单胞菌属对 2 种磺胺类药物表现为耐药，MIC_{90} 达到或接近检测上限，见表 19 至表 24。

表 19　恩诺沙星对大口黑鲈源气单胞菌属的 MIC 频数分布（$n=22$）

供试药物	敏感率（%）	MIC_{50}（μg/mL）	MIC_{90}（μg/mL）	不同药物浓度（μg/mL）下的菌株数（株）											
				16	8	4	2	1	0.5	0.25	0.125	0.06	0.03	0.015	0.008
恩诺沙星	77.27	0.25	1				1	4		15	2				

表 20　硫酸新霉素、氟甲喹对大口黑鲈源气单胞菌属的 MIC 频数分布（$n=22$）

供试药物	敏感率（%）	MIC_{50}（μg/mL）	MIC_{90}（μg/mL）	不同药物浓度（μg/mL）下的菌株数（株）											
				256	128	64	32	16	8	4	2	1	0.5	0.25	0.125
硫酸新霉素	50	2	4					1		10	11				
氟甲喹	0	128	128		14	7		1							

表 21　甲砜霉素、氟苯尼考对大口黑鲈源气单胞菌属的 MIC 频数分布（$n=22$）

供试药物	敏感率（%）	MIC_{50}（μg/mL）	MIC_{90}（μg/mL）	不同药物浓度（μg/mL）下的菌株数（株）										
				512	256	128	64	32	16	8	4	2	1	0.5	0.25
甲砜霉素	0	≥512	≥512	15	5									
氟苯尼考	4.55	128	256		4	9				7	1	1		

表 22　盐酸多西环素对大口黑鲈源气单胞菌属的 MIC 频数分布（$n=22$）

供试药物	敏感率（%）	MIC_{50}（μg/mL）	MIC_{90}（μg/mL）	不同药物浓度（μg/mL）下的菌株数（株）									
				128	64	32	16	8	4	2	1	0.5	0.25	0.125	0.06
盐酸多西环素	90.91	2	2		1		1			15	5				

表 23 磺胺间甲氧嘧啶钠对大口黑鲈源气单胞菌属的 MIC 频数分布 （n=22）

供试药物	敏感率(%)	MIC$_{50}$(μg/mL)	MIC$_{90}$(μg/mL)	不同药物浓度（μg/mL）下的菌株数（株）											
				1 024	512	256	128	64	32	16	8	4	2	1	0.5
磺胺间甲氧嘧啶钠	18.18	512	≥1 024	10	8	1		3							

表 24 磺胺甲噁唑/甲氧苄啶对大口黑鲈源气单胞菌属的 MIC 频数分布 （n=22）

供试药物	敏感率(%)	MIC$_{50}$(μg/mL)	MIC$_{90}$(μg/mL)	不同药物浓度（μg/mL）下的菌株数（株）									
				608/32	304/16	152/8	76/4	38/2	19/1	9.5/0.5	4.8/0.25	2.4/0.12	1.2/0.06
磺胺甲噁唑/甲氧苄啶	0	≥608/32	≥608/32	20	1		1						

大口黑鲈源弧菌属对恩诺沙星、硫酸新霉素、氟苯尼考对表现较为敏感，对盐酸多西环素、甲砜霉素、氟甲喹和 2 种磺胺类药物表现为耐药，见表 25 至表 30。

表 25 恩诺沙星对大口黑鲈源弧菌属的 MIC 频数分布 （n=15）

供试药物	敏感率(%)	MIC$_{50}$(μg/mL)	MIC$_{90}$(μg/mL)	不同药物浓度（μg/mL）下的菌株数（株）											
				16	8	4	2	1	0.5	0.25	0.125	0.06	0.03	0.015	0.008
恩诺沙星	100	0.125	0.25							4	8		1	2	

表 26 硫酸新霉素、氟甲喹对大口黑鲈源弧菌属的 MIC 频数分布 （n=15）

供试药物	敏感率(%)	MIC$_{50}$(μg/mL)	MIC$_{90}$(μg/mL)	不同药物浓度（μg/mL）下的菌株数（株）											
				256	128	64	32	16	8	4	2	1	0.5	0.25	0.125
硫酸新霉素	93.33	2	2							1	10	2	2		
氟甲喹	46.67	64	64		1	7			7						

表 27 甲砜霉素、氟苯尼考对大口黑鲈源弧菌属的 MIC 频数分布 （n=15）

供试药物	敏感率(%)	MIC$_{50}$(μg/mL)	MIC$_{90}$(μg/mL)	不同药物浓度（μg/mL）下的菌株数（株）											
				512	256	128	64	32	16	8	4	2	1	0.5	0.25
甲砜霉素	0	≥512	≥512	10	2			2	1						
氟苯尼考	60	2	16						1	1		4	9		

表 28 盐酸多西环素对大口黑鲈源弧菌属的 MIC 频数分布 （n=15）

供试药物	敏感率(%)	MIC$_{50}$(μg/mL)	MIC$_{90}$(μg/mL)	不同药物浓度（μg/mL）下的菌株数（株）											
				128	64	32	16	8	4	2	1	0.5	0.25	0.125	0.06
盐酸多西环素	53.33	1	64			4					3	8			

表 29　磺胺间甲氧嘧啶钠对大口黑鲈源弧菌属的 MIC 频数分布（n＝15）

供试药物	敏感率（％）	MIC$_{50}$（μg/mL）	MIC$_{90}$（μg/mL）	不同药物浓度（μg/mL）下的菌株数（株）										
				1 024	512	256	128	64	32	16	8	4	2	1	0.5
磺胺间甲氧嘧啶钠	6.67	≥1 024	≥1 024	13	1	1									

表 30　磺胺甲噁唑/甲氧苄啶对大口黑鲈源弧菌属的 MIC 频数分布（n＝15）

供试药物	敏感率（％）	MIC$_{50}$（μg/mL）	MIC$_{90}$（μg/mL）	不同药物浓度（μg/mL）下的菌株数（株）								
				608/32	304/16	152/8	76/4	38/2	19/1	9.5/0.5	4.8/0.25	2.4/0.12	1.2/0.06
磺胺甲噁唑/甲氧苄啶	0	≥608/32	≥608/32	14		1							

②菌株耐受性

根据各菌株对药物的敏感性结果，以 CLSI 相关标准为判定依据，对分离病原菌的耐药性进行统计，详见图 1。耐药率低于 30％的抗菌药物有恩诺沙星、硫酸新霉素、盐酸多西环素；耐药率高于 80％的抗菌药物有磺胺间甲氧嘧啶钠、磺胺甲噁唑/甲氧苄啶、甲砜霉素。

大口黑鲈源气单胞菌属对甲砜霉素、氟苯尼考、氟甲喹、磺胺间甲氧嘧啶钠、磺胺甲噁唑/甲氧苄啶的耐药率均超过 80％，对恩诺沙星和盐酸多西环素耐药率的均低于 30％，见图 2。

大口黑鲈源弧菌属对甲砜霉素、磺胺间甲氧嘧啶钠、磺胺甲噁唑/甲氧苄啶的耐药率均超过 90％，对恩诺沙星、硫酸新霉素的耐药率均低于 10％，见图 3。

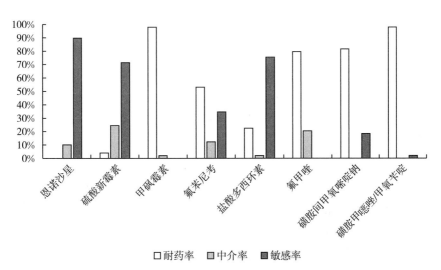

图 1　大口黑鲈所有病原菌对抗菌药物的敏感性

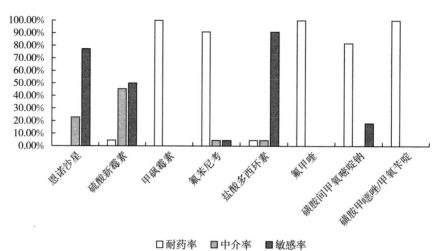

图2　大口黑鲈源气单胞菌属对抗菌药物的敏感性

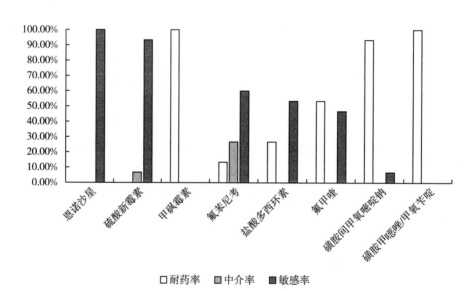

图3　大口黑鲈源弧菌属对抗菌药物的敏感性

3. 耐药性变化情况

（1）克氏原螯虾

2021年克氏原螯虾源气单胞菌属对甲砜霉素表现为敏感，2022年表现为耐药；而对硫酸新霉素情况正好相反（图4）。2021年克氏原螯虾源杆菌属对甲砜霉素表现为敏感，2022年表现为耐药；而对氟甲喹情况正好相反（图5）。连续2年克氏原螯虾源病原菌均对恩诺沙星、氟苯尼考、盐酸多西环素表现为敏感，说明在药物使用前，药物敏感性试验对用药减量和科学用药有指导作用。

（2）大口黑鲈

2019—2021年，分离的大口黑鲈病原菌对硫酸新霉素均为敏感或中介，同时部

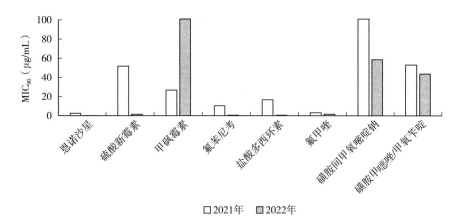

图 4　2021—2022 年抗菌药物对克氏原螯虾源气单胞菌属的 MIC_{90} 变化

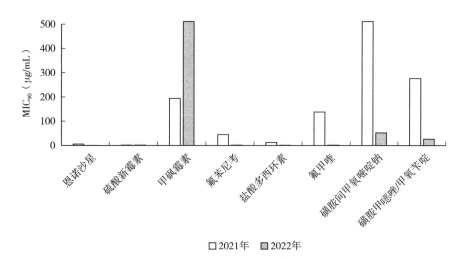

图 5　2021—2022 年抗菌药物对克氏原螯虾源杆菌属的 MIC_{90} 变化

分特定病症的病原菌对盐酸多西环素和恩诺沙星也敏感。2022 年分离的 49 株病原菌耐药性表现与 2019—2021 年对比变化较小。

三、分析与建议

（1）克氏原螯虾

2022 年 4—10 月，采样单位未发生面积超过养殖面积 2% 的大范围病害；克氏原螯虾表现为四肢无力，活动力低下，体色发暗，部分胸甲处有黄绿色斑点，解剖后，虾的胃肠道是空的。发病率为 1%～2%。发现患病个体养殖单位立即将其捞出隔离对死亡个体做无害化处理，定期施用微生态制剂作为预防性用药。全年未发生因病致损的情况。

综合检测结果，从该单位克氏原螯虾体内分离的病原菌对恩诺沙星、盐酸多西环素最为敏感，因此推荐恩诺沙星、盐酸多西环素作为该单位防治克氏原螯虾细菌病的首选药物。此外，恩诺沙星对气单胞菌引起的肠炎有较好的治疗效果。

（2）大口黑鲈

2022年5—10月，采样单位未发生面积超过养殖面积2%的大范围病害；大口黑鲈表现为体表点状出血、溃疡、肠炎等，解剖后，鲈肠道是空的。发病率低于1%。发现患病个体养殖单位立即将其捞出隔离，对死亡个体做无害化处理，定期施用微生态制剂作为预防性用药。全年未发生因病致损的情况。

综合检测结果，从该单位大口黑鲈体内分离的病原菌对硫酸新霉素、恩诺沙星、盐酸多西环素等敏感性较高，这几种水产用抗菌药物可以作为采样点及周边地区常见和新发细菌性疾病的首选药物。养殖实践中对由气单胞菌引起的细菌性疾病可将恩诺沙星或盐酸多西环素作为治疗药物，由弧菌引起的体表溃疡性疾病可将恩诺沙星或硫酸新霉素作为治疗药物。

上述数据仅限于山东地区的3个采样点，尽管分离的菌株有一定的耐药率，但并不能代表山东地区的整体情况。需再广泛采集养殖区域样本，全面了解病原菌耐药现状，才能提出更科学的区域通用的用药建议。

2022年河南省水产养殖动物主要病原菌耐药性监测分析报告

　　为了解掌握河南省养殖区域水产养殖生产季节主要病原菌耐药性情况及变化规律，指导科学使用水产用抗菌药物，提高细菌性病害防控成效，推动河南渔业绿色高质量发展。2022年主要在洛阳、郑州、新乡等养殖区域采样，采样品种主要有鲤、斑点叉尾鮰、黄颡鱼、大口黑鲈以及锦鲤等，共采集7批次，分离维氏气单胞菌等病原菌69株，并测定其对8种水产用抗菌药物的敏感性，具体结果如下。

一、材料和方法

1. 样品采集

2022年4—10月，分别从河南省郑州市东郊、洛阳市吉利区和新乡市延津县等集中连片养殖池塘采集鲤、斑点叉尾鮰、黄颡鱼和大口黑鲈等样品，每月一次共7次，采集样品数量为86个。

2. 病原菌分离筛选

将采集的个体进行解剖，分别从肝、肾部位分离细菌，接种于BHI培养基，28℃培养后进行细菌纯化。

3. 病原菌鉴定及保存

将分离纯化得到的细菌提取核酸后进行测序，通过序列比对进行鉴定；同时用20%的甘油冷冻保存菌种。

二、药敏测试结果

1. 病原菌分离鉴定总体情况

2022年共分离细菌69株，包括51株气单胞菌、7株杆菌、5株霍乱弧菌和6株类志贺邻单胞菌。

2. 病原菌耐药性分析

（1）气单胞菌对抗菌药物的敏感性

8种水产用抗菌药物对51株气单胞菌（包括43株维氏气单胞菌、7株嗜水气单胞菌和1株异常嗜糖气单胞菌）的MIC频数分布如表1至表6所示。

表 1　恩诺沙星对气单胞菌的 MIC 频数分布（$n=51$）

供试药物	MIC$_{50}$ (μg/mL)	MIC$_{90}$ (μg/mL)	不同药物浓度（μg/mL）下的菌株数（株）											
			16	8	4	2	1	0.5	0.25	0.125	0.06	0.03	0.015	0.008
恩诺沙星	0.25	4	1	4	6		4	7	7	6	2		1	13

表 2　硫酸新霉素和氟甲喹对气单胞菌的 MIC 频数分布（$n=51$）

供试药物	MIC$_{50}$ (μg/mL)	MIC$_{90}$ (μg/mL)	不同药物浓度（μg/mL）下的菌株数（株）											
			256	128	64	32	16	8	4	2	1	0.5	0.25	0.125
硫酸新霉素	1	2					1	2	2	8	13	8	3	14
氟甲喹	1	16	1			2	10	5	3	3	2	8	2	15

表 3　甲砜霉素和氟苯尼考对气单胞菌的 MIC 频数分布（$n=51$）

供试药物	MIC$_{50}$ (μg/mL)	MIC$_{90}$ (μg/mL)	不同药物浓度（μg/mL）下的菌株数（株）										
			512	256	128	64	32	16	8	4	2	1	0.5	0.25
甲砜霉素	4	≥512	20	2	1		1	1		1	2	4	4	15
氟苯尼考	1	128	3	2	8	7	2			1	2	5	7	14

表 4　盐酸多西环素对气单胞菌的 MIC 频数分布（$n=51$）

供试药物	MIC$_{50}$ (μg/mL)	MIC$_{90}$ (μg/mL)	不同药物浓度（μg/mL）下的菌株数（株）										
			128	64	32	16	8	4	2	1	0.5	0.25	0.125	0.06
盐酸多西环素	0.5	8	2		3	4	9	4	2	2	1			24

表 5　磺胺间甲氧嘧啶钠对气单胞菌的 MIC 频数分布（$n=51$）

供试药物	MIC$_{50}$ (μg/mL)	MIC$_{90}$ (μg/mL)	不同药物浓度（μg/mL）下的菌株数（株）									
			1 024	512	256	128	64	32	16	8	4	2
磺胺间甲氧嘧啶钠	8	≥1 024	12				1	3	6	4	9	16

表 6　磺胺甲噁唑/甲氧苄啶对气单胞菌的 MIC 频数分布（$n=51$）

供试药物	MIC$_{50}$ (μg/mL)	MIC$_{90}$ (μg/mL)	不同药物浓度（μg/mL）下的菌株数（株）									
			608/32	304/16	152/8	76/4	38/2	19/1	9.5/0.5	4.8/0.25	2.4/0.12	1.2/0.06
磺胺甲噁唑/甲氧苄啶	4.8/0.25	≥608/32	12	1			1	1		15	2	19

（2）杆菌对抗菌药物的敏感性

8 种水产用抗菌药物对 7 株杆菌（包括 5 株不动杆菌和 2 株其他杆菌）的 MIC 频数分布如表 7 至表 12 所示。

表 7　恩诺沙星对杆菌的 MIC 频数分布（n＝7）

供试药物	MIC$_{50}$ (μg/mL)	MIC$_{90}$ (μg/mL)	不同药物浓度（μg/mL）下的菌株数（株）											
			16	8	4	2	1	0.5	0.25	0.125	0.06	0.03	0.015	0.008
恩诺沙星	0.015	0.5	1					1				1	2	2

表 8　硫酸新霉素和氟甲喹对杆菌的 MIC 频数分布（n＝7）

供试药物	MIC$_{50}$ (μg/mL)	MIC$_{90}$ (μg/mL)	不同药物浓度（μg/mL）下的菌株数（株）											
			256	128	64	32	16	8	4	2	1	0.5	0.25	0.125
硫酸新霉素	0.25	0.5									1	1	4	1
氟甲喹	0.125	16	1				1							5

表 9　甲砜霉素和氟苯尼考对杆菌的 MIC 频数分布（n＝7）

供试药物	MIC$_{50}$ (μg/mL)	MIC$_{90}$ (μg/mL)	不同药物浓度（μg/mL）下的菌株数（株）											
			512	256	128	64	32	16	8	4	2	1	0.5	0.25
甲砜霉素	≥512	≥512	5	1						1				
氟苯尼考	32	128	1		1	1	3				1			

表 10　盐酸多西环素对杆菌的 MIC 频数分布（n＝7）

供试药物	MIC$_{50}$ (μg/mL)	MIC$_{90}$ (μg/mL)	不同药物浓度（μg/mL）下的菌株数（株）											
			128	64	32	16	8	4	2	1	0.5	0.25	0.125	0.06
盐酸多西环素	≤0.06	8		1		1								5

表 11　磺胺间甲氧嘧啶钠对杆菌的 MIC 频数分布（n＝7）

供试药物	MIC$_{50}$ (μg/mL)	MIC$_{90}$ (μg/mL)	不同药物浓度（μg/mL）下的菌株数（株）									
			1 024	512	256	128	64	32	16	8	4	2
磺胺间甲氧嘧啶钠	8	≥1 024	3							3	1	

表 12　磺胺甲噁唑/甲氧苄啶对杆菌的 MIC 频数分布（n＝7）

供试药物	MIC$_{50}$ (μg/mL)	MIC$_{90}$ (μg/mL)	不同药物浓度（μg/mL）下的菌株数（株）									
			608/32	304/16	152/8	76/4	38/2	19/1	9.5/0.5	4.8/0.25	2.4/0.12	1.2/0.06
磺胺甲噁唑/甲氧苄啶	4.8/0.25	≥608/32	3							3	1	

(3) 霍乱弧菌对各种抗菌药物的敏感性

8 种水产用抗菌药物对 5 株霍乱弧菌的 MIC 频数分布见表 13 至表 18。

表 13　恩诺沙星对霍乱弧菌的 MIC 频数分布（$n=5$）

供试药物	MIC$_{50}$ (μg/mL)	MIC$_{90}$ (μg/mL)	不同药物浓度（μg/mL）下的菌株数（株）											
			16	8	4	2	1	0.5	0.25	0.125	0.06	0.03	0.015	0.008
恩诺沙星	0.125	0.125	1							3			1	

表 14　硫酸新霉素和氟甲喹对霍乱弧菌的 MIC 频数分布（$n=5$）

供试药物	MIC$_{50}$ (μg/mL)	MIC$_{90}$ (μg/mL)	不同药物浓度（μg/mL）下的菌株数（株）											
			256	128	64	32	16	8	4	2	1	0.5	0.25	0.125
硫酸新霉素	0.5	0.5										1	4	
氟甲喹	4	4	1						3	1				

表 15　甲砜霉素和氟苯尼考对霍乱弧菌的 MIC 频数分布（$n=5$）

供试药物	MIC$_{50}$ (μg/mL)	MIC$_{90}$ (μg/mL)	不同药物浓度（μg/mL）下的菌株数（株）											
			512	256	128	64	32	16	8	4	2	1	0.5	0.25
甲砜霉素	$\leqslant$0.25	1			1								1	3
氟苯尼考	0.5	2					1				1		1	2

表 16　盐酸多西环素对霍乱弧菌的 MIC 频数分布（$n=5$）

供试药物	MIC$_{50}$ (μg/mL)	MIC$_{90}$ (μg/mL)	不同药物浓度（μg/mL）下的菌株数（株）											
			128	64	32	16	8	4	2	1	0.5	0.25	0.125	0.06
盐酸多西环素	$\leqslant$0.06	$\leqslant$0.06									1			4

表 17　磺胺间甲氧嘧啶钠对霍乱弧菌的 MIC 频数分布（$n=5$）

供试药物	MIC$_{50}$ (μg/mL)	MIC$_{90}$ (μg/mL)	不同药物浓度（μg/mL）下的菌株数（株）									
			1 024	512	256	128	64	32	16	8	4	2
磺胺间甲氧嘧啶钠	2	4	1								1	3

表 18　磺胺甲噁唑/甲氧苄啶对霍乱弧菌的 MIC 频数分布（$n=5$）

供试药物	MIC$_{50}$ (μg/mL)	MIC$_{90}$ (μg/mL)	不同药物浓度（μg/mL）下的菌株数（株）									
			608/32	304/16	152/8	76/4	38/2	19/1	9.5/0.5	4.8/0.25	2.4/0.12	1.2/0.06
磺胺甲噁唑/甲氧苄啶	$\geqslant$608/32	$\geqslant$608/32	2							3		

（4）类志贺邻单胞菌对各种抗菌药物的敏感性

8 种水产用抗菌药物对 6 株类志贺邻单胞菌的 MIC 频数分布见表 19 至表 24。

2022 年河南省水产养殖动物主要病原菌耐药性监测分析报告

表 19　恩诺沙星对类志贺邻单胞菌的 MIC 频数分布（n＝6）

供试药物	MIC_{50} (μg/mL)	MIC_{90} (μg/mL)	不同药物浓度 (μg/mL) 下的菌株数（株）											
			16	8	4	2	1	0.5	0.25	0.125	0.06	0.03	0.015	0.008
恩诺沙星	0.5	1	1				1	3		1				

表 20　硫酸新霉素和氟甲喹对类志贺邻单胞菌的 MIC 频数分布（n＝6）

供试药物	MIC_{50} (μg/mL)	MIC_{90} (μg/mL)	不同药物浓度 (μg/mL) 下的菌株数（株）											
			256	128	64	32	16	8	4	2	1	0.5	0.25	0.125
硫酸新霉素	4	4			1				4	1				
氟甲喹	4	16				1	1		2		1			1

表 21　甲砜霉素和氟苯尼考对类志贺邻单胞菌的 MIC 频数分布（n＝6）

供试药物	MIC_{50} (μg/mL)	MIC_{90} (μg/mL)	不同药物浓度 (μg/mL) 下的菌株数（株）										
			512	256	128	64	32	16	8	4	2	1	0.5	0.25
甲砜霉素	≥512	≥512	4		1									1
氟苯尼考	64	128			2	2		1					1	

表 22　盐酸多西环素对类志贺邻单胞菌的 MIC 频数分布（n＝6）

供试药物	MIC_{50} (μg/mL)	MIC_{90} (μg/mL)	不同药物浓度 (μg/mL) 下的菌株数（株）										
			128	64	32	16	8	4	2	1	0.5	0.25	0.125	0.06
盐酸多西环素	1	2					1		1	3				1

表 23　磺胺间甲氧嘧啶钠对类志贺邻单胞菌的 MIC 频数分布（n＝6）

供试药物	MIC_{50} (μg/mL)	MIC_{90} (μg/mL)	不同药物浓度 (μg/mL) 下的菌株数（株）								
			1 024	512	256	128	64	32	16	8	4	2
磺胺间甲氧嘧啶钠	≥1 024	≥1 024	5						1			

表 24　磺胺甲噁唑/甲氧苄啶对类志贺邻单胞菌的 MIC 频数分布（n＝6）

供试药物	MIC_{50} (μg/mL)	MIC_{90} (μg/mL)	不同药物浓度 (μg/mL) 下的菌株数（株）									
			608/32	304/16	152/8	76/4	38/2	19/1	9.5/0.5	4.8/0.25	2.4/0.12	1.2/0.06
磺胺甲噁唑/甲氧苄啶	≥608/32	≥608/32	5						1			

3. 耐药性变化情况

2021—2022 年抗菌药物对气单胞菌的 MIC_{50} 和 MIC_{90} 如图 1 和图 2 所示。

相比 2021 年，2022 年硫酸新霉素、氟苯尼考和盐酸多西环素对气单胞菌的 MIC_{50} 有小幅上升；甲砜霉素、磺胺间甲氧嘧啶钠和磺胺甲噁唑/甲氧苄啶对气单胞菌

的 MIC_{50} 均有较大幅度的升高；恩诺沙星和氟甲喹对气单胞菌的 MIC_{50} 均有明显下降。

甲砜霉素、氟苯尼考和磺胺间甲氧嘧啶钠对气单胞菌的 MIC_{90} 均明显上升，恩诺沙星、硫酸新霉素、盐酸多西环素、氟甲喹和磺胺甲噁唑/甲氧苄啶对气单胞菌的 MIC_{90} 均变化不大。

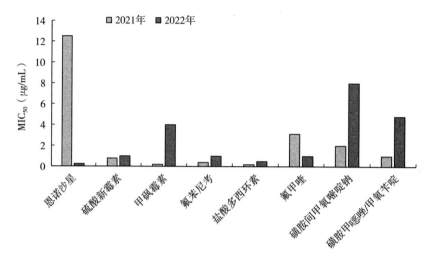

图 1　2021—2022 年抗菌药物对气单胞菌的 MIC_{50} 变化

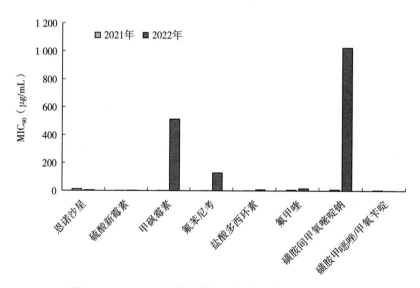

图 2　2021—2022 年抗菌药物对气单胞菌的 MIC_{90} 变化

三、分析与建议

针对本次分离到的 51 株气单胞菌，恩诺沙星对其的 MIC_{50} 为 $0.25\mu g/mL$，硫酸新霉素、氟苯尼考、盐酸多西环素和氟甲喹对气单胞菌的 MIC_{50} 为 $0.5\sim1.00\mu g/mL$，在所测试的抗菌药物中，均为非常敏感的药物，在养殖生产中可以优先选择使用。

目前的检测结果表明，养殖户在选择用药时，恩诺沙星为最优选择；硫酸新霉素、氟苯尼考、盐酸多西环素和氟甲喹也是较优选择。此外，在养殖过程中，应避免长时间持续使用一种或几种抗菌药物，以减少耐药菌的产生。

细菌对水产用抗菌药物的敏感性会根据时间、环境条件、药物使用的具体情况等因素产生相应的变化，为了能够科学、精准地用药，需要对其进行长期的动态监控，以确定最佳的治疗药物及用量。

根据 2022 年度病原菌耐药性监测的结果，可在今后的监测工作中扩大监测品种和区域，以利于更全面地反映河南省水产养殖动物病原菌耐药性状况。同时，可在监测中使用标准菌株作为质控对照，增加试验准确性和可靠性。

2022 年湖北省水产养殖动物主要病原菌耐药性监测分析报告

卢伶俐　韩育章　朱丽娅　黄永涛　温周瑞

（湖北省水产科学研究所）

为了解和掌握水产养殖动物主要病原菌对水产用抗菌药物的耐药性情况及变化规律，指导渔民科学使用水产用抗菌药物，提高细菌性疾病防控成效，推动水产养殖业绿色高质量发展。湖北地区重点从黄冈、新洲、阳逻 3 个养殖场的鲫中分离到维氏气单胞菌、嗜水气单胞菌等主要病原菌，并测定其对 8 种水产用抗菌药物的敏感性，具体结果如下。

一、材料和方法

1. 样品采集

2022 年 4—10 月，每月中下旬分别从湖北黄冈异育银鲫良种场、武汉市新洲区涨渡湖渔场、武汉市阳逻兴达水产品开发有限公司 3 个采样点分别采集鲫样品 5～20 尾，样品采集方法为随机捕捞鲫后用原池水装入高压聚乙烯袋，充氧后立即送回实验室。

2. 病原菌分离筛选

取样品鲫，用 75％的酒精棉球擦洗体表，无菌条件下打开腹腔。迅速用接种环取肝、脾、肾等组织后，在脑心浸液琼脂（BHIA）培养基上划线分离病原菌，28℃培养 24h，选取单个优势菌落纯化备用。

3. 病原菌鉴定及保存

纯化后的菌株由武汉转导生物实验室有限公司分析鉴定。菌株保存采用 BHIA 肉汤在适宜温度下增殖 16～24h 后，分装于 2mL 无菌离心管中，加入无菌甘油使其最终浓度达到 30％，冻存于－80℃超低温冰箱。

4. 病原菌的抗菌药物感受性检测及判定

供试药物有恩诺沙星、硫酸新霉素、甲砜霉素、氟苯尼考、盐酸多西环素、氟甲喹、磺胺间甲氧嘧啶钠、磺胺甲噁唑/甲氧苄啶。药敏分析试剂板生产单位为南京菲恩医疗科技公司，具体测定方法参照说明书进行。

二、药敏测试结果

1. 病原菌分离鉴定总体情况

全年分离到水生动物病原菌 204 株，其中维氏气单胞菌 116 株、嗜水气单胞菌 33

株、简氏气单胞菌 15 株、未检出具体种类气单胞菌 2 株、希瓦氏菌 9 株、类志贺邻单胞菌 5 株、迟缓爱德华氏菌 2 株、弧菌 4 株、杆菌 6 株、球菌 8 株，其他不常见水产致病菌或非水产致病菌 4 株。分类及占比见图 1。

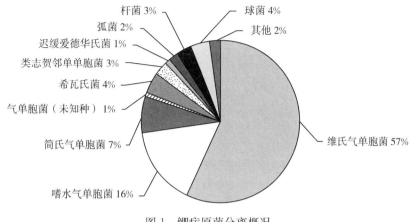

图 1　鲫病原菌分离概况

2. 主要病原菌对不同抗菌药物的耐药性分析

（1）气单胞菌耐药结果

根据细菌鉴定结果，选取 37 株气单胞菌进行药敏试验，并用 SPSS 软件对抗菌药物的 MIC_{50} 与 MIC_{90} 进行统计分析。药物敏感性判断标准参考美国临床实验室标准协会（CLSI）、欧洲药敏试验委员会（EUCAST）设置的判断标准，气单胞菌对抗菌药物的耐药性测定结果见表 1。

表 1　气单胞菌对抗菌药物的耐药性测定结果（$n=37$）

药物名称	MIC_{50}（μg/mL）	MIC_{90}（μg/mL）	耐药率	中介率	敏感率	耐药性判定参考值		
						耐药折点	中介折点	敏感折点
恩诺沙星	0.007	0.34	2.7%	5.4%	91.9%	≥4	1~2	≤0.5
氟苯尼考	1.07	4.40	2.7%	5.40%	91.9%	≥8	4	≤2
盐酸多西环素	0.25	1.10	2.7%	—	97.3%	≥16	8	≤4
磺胺间甲氧嘧啶钠	12.57	125.66	10.8%	—	89.2%	≥512	—	≤256
磺胺甲噁唑/甲氧苄啶	8.05/0.42	121.51/6.44	27.0%	—	73.0%	≥76/4	—	≤38/2
硫酸新霉素	0.59	2.67	—	—	—	—	—	—
甲砜霉素	2.14	12.53	—	—	—	—	—	—
氟甲喹	0.03	2.15						

注："—"表示无折点。

（2）不同种类气单胞菌对水产用抗菌药物的感受性

①维氏气单胞菌对各种水产用抗菌药物的感受性

8 种水产用抗菌药物对 20 株维氏气单胞菌的 MIC 频数，分布情况见表 2、表 3。

表 2 7 种抗菌药物对维氏气单胞菌的 MIC 频数分布 (n=20)

供试药物	MIC$_{50}$ (μg/mL)	MIC$_{90}$ (μg/mL)	不同药物浓度 (μg/mL) 下的菌株数 (株)																	
			≥1 024	512	256	128	64	32	16	8	4	2	1	0.5	0.25	0.125	0.06	0.03	0.015	≤0.008
恩诺沙星	0.03	0.76									1		2	1	4	2			1	9
硫酸新霉素	1.16	3.93						1			1	10	4	4						
氟甲喹	0.10	4.55						1	1	1	1	1		3		12				
甲砜霉素	1.05	11.28		1							1	4	13	1						
氟苯尼考	0.72	5.16				1					1		13	5						
盐酸多西环素	0.21	1.66							1			1	4	1	3	9	1			
磺胺间甲氧嘧啶钠	15.12	76.98	1			1		5	7	5	1									

表 3 磺胺甲噁唑/甲氧苄啶对维氏气单胞菌的 MIC 频数分布 (n=20)

供试药物	MIC$_{50}$ (μg/mL)	MIC$_{90}$ (μg/mL)	不同药物浓度 (μg/mL) 下的菌株数 (株)									
			≥608/32	304/16	152/8	76/4	38/2	19/1	9.5/0.5	4.8/0.25	2.4/0.12	≤1.2/0.06
磺胺甲噁唑/甲氧苄啶	9.63/0.5	53.14/2.81	1	1	1	1	1	6	3	4		3

表 4　7 种抗菌药物对嗜水气单胞菌的 MIC 频数分布 ($n=17$)

供试药物	MIC$_{50}$ (μg/mL)	MIC$_{90}$ (μg/mL)	不同药物浓度 (μg/mL) 下的菌株数 (株)																	
			≥1 024	512	256	128	64	32	16	8	4	2	1	0.5	0.25	0.125	0.06	0.03	0.015	≤0.008
恩诺沙星	0.001	0.05											1				1		3	12
硫酸新霉素	0.28	0.94									1	1	1	4	9	1				
氟甲喹	0.001	0.31							1					1		15				
甲砜霉素	4.1	6.54							1	7	9									
氟苯尼考	1.43	2.48									2	13	2							
盐酸多西环素	0.27	0.52								2			1	8	8					
磺胺间甲氧嘧啶钠	8.96	232.98		3	1	1		1	1	2	8									

表 5　磺胺甲噁唑/甲氧苄啶对嗜水气单胞菌的 MIC 频数分布 ($n=17$)

供试药物	MIC$_{50}$ (μg/mL)	MIC$_{90}$ (μg/mL)	不同药物浓度 (μg/mL) 下的菌株数 (株)									
			≥608/32	304/16	152/8	76/4	38/2	19/1	9.5/0.5	4.8/0.25	2.4/0.12	≤1.2/0.06
磺胺甲噁唑/甲氧苄啶	9.63/0.5	53.14/2.81		1		6			6		4	

②嗜水气单胞菌对各种水产用抗菌药物的感受性

8种水产用抗菌药物对17株嗜水气单胞菌的MIC频数，分布情况见表4、表5。

（3）不同地区气单胞菌对抗菌药物敏感性比较

对黄冈13株气单胞菌、新洲11株气单胞菌和阳逻13株气单胞菌进行药敏测试，按地区统计水产用抗菌药物对其的MIC_{90}和菌株敏感率，结果见表6、图2。

表6 8种水产用抗菌药物对不同试点气单胞菌的MIC_{90}和菌株敏感率

药物名称	MIC_{90}（μg/mL）			敏感率（%）		
	黄冈	新洲	阳逻	黄冈	新洲	阳逻
恩诺沙星	0.62	0.03	0.37	92.3	90.9	84.6
氟苯尼考	7.59	2.05	2.10	92.3	90.9	92.3
盐酸多西环素	0.77	2.05	0.62	100	90.9	100
磺胺间甲氧嘧啶钠	17.19	361.25	185.36	100	81.8	84.6
磺胺甲噁唑/甲氧苄啶	26.59/1.4	178.87/9.52	282.73/15.11	92.3	72.7	53.8
硫酸新霉素	1.66	4.71	1.97	—	—	—
甲砜霉素	20.63	3.06	3.03	—	—	—
氟甲喹	2.36	0.46	3.23	—	—	—

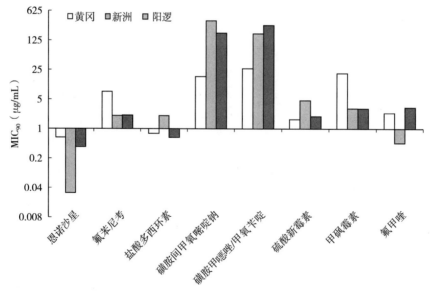

图2 水产用抗菌药物对不同试点气单胞菌的MIC_{90}

从表6、图2可以看出，黄冈地区气单胞菌药物敏感性高于新洲和阳逻地区。这与不同试点养殖环境、养殖类型及密度有一定的关系，黄冈试点地区主要是养殖苗种，新洲和阳逻试点地区主要是养殖成鱼。黄冈试点地区用药非常谨慎，用药频率也较低，气单胞菌对药物的敏感性较高。新洲和阳逻试点地区则根据池塘水质环境及鱼病发生情况进行实时用药，除2种磺胺类药物外，气单胞菌对其他6种抗菌药物的敏感性较好。

3. 病原菌耐药性的年度变化情况

比较水产用抗菌药物对 2020—2022 年湖北鲫气单胞菌的 MIC_{90}（图 3），结果发现，2022 年，恩诺沙星、硫酸新霉素、氟甲喹对鲫气单胞菌的 MIC_{90} 高于 2021 年和 2020 年，对氟苯尼考、盐酸多西环素、磺胺间甲氧嘧啶钠、磺胺甲噁唑/甲氧苄啶、甲砜霉素对鲫气单胞菌的 MIC_{90} 低于 2021 年，但高于 2020 年。

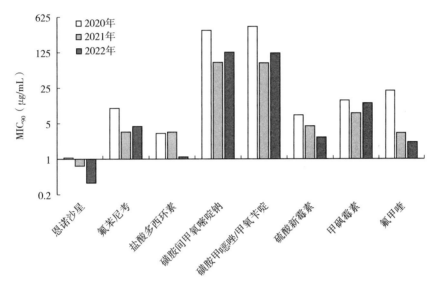

图 3　2020—2022 年 8 种水产用抗菌药物对鲫气单胞菌的 MIC_{90}

三、分析与建议

从 2022 年度监测结果来看，不同时间、不同地区分离的病原菌有所不同。分离的嗜水气单胞菌均来自新洲和阳逻养殖场，且主要出现在 7 月；维氏气单胞菌在 3 个养殖场均有分离到。同种病原菌不同菌株对抗菌药物的感受性不同，如阳逻嗜水气单胞菌对磺胺类药物的感受性分布差异就较大。

鲫气单胞菌对恩诺沙星、硫酸新霉素、酸盐多西环素的耐受浓度低，较为敏感，这与往年差别不太大。建议在无法及时进行药敏试验检测时，养殖生产可优先选用这些抗菌药物。

2022 年广东省水产养殖动物主要病原菌耐药性监测分析报告

唐　姝　林华剑　孙彦伟　张　志　张远龙

（广东省动物疫病预防控制中心）

为指导生产一线科学选择和使用水产用抗菌药物，提高防控细菌性病害成效，降低药物用量，2022 年 3—9 月，我们从广东省水产养殖动物体内分离到气单胞菌及链球菌菌株 84 株，测定了其对 8 种水产用抗菌药物的敏感性。具体情况报告如下。

一、材料与方法

1. 样品采集

2022 年 3—9 月，从广东省佛山、中山、湛江和广州等地区的养殖场采集黄颡鱼、长吻鮠、大口黑鲈、罗非鱼和乌鳢等品种，用于病原菌的分离。

2. 病原菌分离筛选

将鱼解剖后，取其肝脏、脾脏、肾脏及脑 4 种组织样品，进行平板划线接种，28℃培养 24～48h，挑取优势菌落做进一步纯化培养。

3. 病原菌鉴定及保存

提取纯化后细菌的核酸，使用细菌通用引物扩增其 16S rRNA 基因，测序比对，确定属种。纯化后的细菌用 25％甘油保种，存放于－80℃冰箱中。

二、药敏测试结果

1. 病原菌分离鉴定总体情况

共分离纯化出 145 株病原菌，进行 16S rRNA 测序鉴定后，选取 41 株气单胞菌和 43 株链球菌（表 1）进行药敏试验。

表 1　84 株病原菌来源

菌种		采集地区	菌株数（株）	分离品种
气单胞菌属	嗜水气单胞菌	佛山	2	黄颡鱼
		中山	6	草鱼、大口黑鲈
		广州	2	鳖
	维氏气单胞菌	佛山	17	黄颡鱼、叉尾鲴、乌鳢
		中山	10	长吻鮠、黄颡鱼、大口黑鲈、尖塘鳢
		广州	4	鳖

（续）

菌种		采集地区	菌株数（株）	分离品种
链球菌属	无乳链球菌	湛江	8	罗非鱼
		中山	4	罗非鱼
	海豚链球菌	中山	9	黄颡鱼
		佛山	22	黄颡鱼

2. 病原菌对不同抗菌药物的耐药性分析

（1）气单胞菌对水产用抗菌药物的耐药性

8 种水产用抗菌药物对 41 株气单胞菌（包括 10 株嗜水气单胞菌和 31 株维氏气单胞菌）的 MIC 频数分布如表 2、表 3 所示。

（2）链球菌对水产用抗菌药物的耐药性

8 种水产用抗菌药物对 43 株链球菌（包括 31 株海豚链球菌和 12 株无乳链球菌）的 MIC 频数分布如表 4、表 5 所示。

（3）不同地区病原菌对抗菌药物的耐药性

比较 8 种水产用抗菌药物对佛山、中山和广州等 3 个地区养殖场分离的气单胞菌以及对佛山、中山和湛江等 3 个地区养殖场分离的链球菌的 MIC_{50} 和 MIC_{90}（表 6、表 7）发现，佛山、中山两地，8 种水产用抗菌药物中，除磺胺甲噁唑/甲氧苄啶外，其余抗菌药物对气单胞菌的 MIC_{50} 和 MIC_{90} 基本相同；除了硫酸新霉素外，其余 7 种抗菌药物对广州分离气单胞菌的 MIC_{50} 和 MIC_{90} 都略高于佛山与中山两地。佛山、中山两地，8 种水产用抗菌药物对链球菌的 MIC_{50} 和 MIC_{90} 基本相同；除了恩诺沙星、硫酸新霉素和氟甲喹外，其余 5 种抗菌药物对湛江地区分离链球菌的 MIC_{50} 和 MIC_{90} 都略高于佛山与中山两地。

（4）不同品种分离的病原菌对抗菌药物的耐药性

8 种抗菌药物对不同品种分离出来的链球菌和气单胞菌的 MIC_{50} 和 MIC_{90} 如表 8、表 9 所示。由表可知，抗菌药物对草鱼、长吻鮠、黄颡鱼和鳖 4 个品种中分离出来的气单胞菌的 MIC_{50} 和 MIC_{90} 存在一定差异，除甲砜霉素外，其余抗菌药物对鳖中分离出的气单胞菌的 MIC_{50} 和 MIC_{90} 普遍高于其余 3 个品种。除氟苯尼考外，其余 7 种抗菌药物对罗非鱼和黄颡鱼中分离出来的链球菌的 MIC_{50} 和 MIC_{90} 都不相同；恩诺沙星和氟甲喹对从罗非鱼中分离出的链球菌的 MIC_{50} 和 MIC_{90} 低于从黄颡鱼中分离出来的链球菌的，其余 5 种抗菌药物正好相反。

3. 耐药性变化情况

2019—2022 年，8 种水产用抗菌药物对气单胞菌和链球菌的 MIC_{90} 有一定的变化，见图 1 至图 4。甲砜霉素、磺胺甲噁唑/甲氧苄啶、氟苯尼考和磺胺间甲氧嘧啶钠对气单胞菌的 MIC_{90} 呈现逐年上升趋势。恩诺沙星与硫酸新霉素的变化趋势一致，在

表 2　7 种水产用抗菌药物对气单胞菌的 MIC 频数分布 (n=41)

供试药物	MIC50 (μg/mL)	MIC90 (μg/mL)	不同药物浓度 (μg/mL) 下的菌株数 (株)																	
			≥1 024	512	256	128	64	32	16	8	4	2	1	0.5	0.25	0.125	0.06	0.03	0.015	≤0.008
恩诺沙星	1	8							2	5	2	6	7	7	6	5				1
硫酸新霉素	4	8					2			4	22	7	4	2						
氟甲喹	2	32					2	8	7		1	3	5	7		8				
甲砜霉素	64	512		19	1	1	2				2	6	10							
氟苯尼考	2	128				13	3	2	4	4	4	7	15							
盐酸多西环素	1	16				3	1	4	4	5	4	4	7	10	2					
磺胺间甲氧嘧啶钠	128	≥1 024	14		3	4	2	4	4	5	3	3								

表 3　磺胺甲噁唑/甲氧苄啶对气单胞菌的 MIC 频数分布 (n=41)

供试药物	MIC50 (μg/mL)	MIC90 (μg/mL)	不同药物浓度 (μg/mL) 下的菌株数 (株)									
			≥608/32	304/16	152/8	76/4	38/2	19/1	9.5/0.5	4.8/0.25	2.4/0.12	≤1.2/0.06
磺胺甲噁唑/甲氧苄啶	76/4	≥608/32	14	3	3	1	3	6	3	9	2	

表 4　7 种水产用抗菌药物对链球菌的 MIC 频数分布 （n=43）

供试药物	MIC$_{50}$ (μg/mL)	MIC$_{90}$ (μg/mL)	≥1 024	512	256	128	64	32	16	8	4	2	1	0.5	0.25	0.125	0.06	0.03	0.015	≤0.008
			不同药物浓度 （μg/mL） 下的菌株数 （株）																	
恩诺沙星	0.25	0.5												16	19	8				
硫酸新霉素	0.5	1								4			5	22	4	8				
氟甲喹	32	64					11	11	9	3	1	4	3			1				
甲砜霉素	2	16						3	4	3	1	19	13							
氟苯尼考	4	4							1	3	23	14	2							
盐酸多西环素	≤0.06	2							1	2	4	2					36			
磺胺间甲氧嘧啶钠	4	≥1 024	9			2		2		2	22	6								

表 5　磺胺甲噁唑/甲氧苄啶对链球菌的 MIC 频数分布 （n=43）

供试药物	MIC$_{50}$ (μg/mL)	MIC$_{90}$ (μg/mL)	≥608/32	304/16	152/8	76/4	38/2	19/1	9.5/0.5	4.8/0.25	2.4/0.12	≤1.2/0.06
			不同药物浓度 （μg/mL） 下的菌株数 （株）									
磺胺甲噁唑/甲氧苄啶	≤1.2/0.06	≥608/32	9		2		2	2		1	7	22

表 6 8种水产用抗菌药物对不同养殖地区分离的气单胞菌的 MIC$_{50}$和 MIC$_{90}$

单位：μg/mL

供试药物	佛山		广州		中山	
	MIC$_{50}$	MIC$_{90}$	MIC$_{50}$	MIC$_{90}$	MIC$_{50}$	MIC$_{90}$
恩诺沙星	0.5	4	8	16	0.5	8
硫酸新霉素	4	64	2	8	4	4
甲砜霉素	2	≥512	≥512	≥512	4	≥512
氟苯尼考	2	128	128	128	2	128
盐酸多西环素	1	16	16	≥128	1	8
氟甲喹	2	32	32	64	1	32
磺胺间甲氧嘧啶钠	32	≥1 024	≥1 024	≥1 024	32	≥1 024
磺胺甲噁唑/甲氧苄啶	19/1	≥608/32	≥608/32	≥608/32	152/8	≥608/32

表 7 8种水产用抗菌药物对不同养殖地区分离的链球菌的 MIC$_{50}$和 MIC$_{90}$

单位：μg/mL

供试药物	佛山		湛江		中山	
	MIC$_{50}$	MIC$_{90}$	MIC$_{50}$	MIC$_{90}$	MIC$_{50}$	MIC$_{90}$
恩诺沙星	0.25	0.5	0.125	0.25	0.5	0.5
硫酸新霉素	0.5	1	≤0.125	≤0.125	0.5	8
甲砜霉素	1	2	16	32	2	4
氟苯尼考	4	4	4	16	2	4
盐酸多西环素	≤0.06	≤0.06	2	4	≤0.06	≤0.06
氟甲喹	32	64	2	8	32	64
磺胺间甲氧嘧啶钠	4	4	≥1 024	≥1 024	4	128
磺胺甲噁唑/甲氧苄啶	≤1.2/0.06	2.4/0.12	≥608/32	≥608/32	≤1.2/0.06	76/4

表 8 8种水产用抗菌药物对不同品种分离的气单胞菌的 MIC$_{50}$和 MIC$_{90}$

单位：μg/mL

供试药物	草鱼		长吻鮠		黄颡鱼		鳖	
	MIC$_{50}$	MIC$_{90}$	MIC$_{50}$	MIC$_{90}$	MIC$_{50}$	MIC$_{90}$	MIC$_{50}$	MIC$_{90}$
恩诺沙星	0.125	0.125	0.25	8	0.5	2	8	≥16
硫酸新霉素	0.5	1	4	8	4	4	≥512	≥512
甲砜霉素	4	64	≥512	≥512	1	≥512	128	128
氟苯尼考	2	2	32	256	1	128	128	128
盐酸多西环素	1	2	2	≥128	0.5	4	16	≥128

（续）

供试药物	草鱼		长吻鮠		黄颡鱼		鳖	
	MIC$_{50}$	MIC$_{90}$	MIC$_{50}$	MIC$_{90}$	MIC$_{50}$	MIC$_{90}$	MIC$_{50}$	MIC$_{90}$
氟甲喹	≤0.125	0.5	≤0.125	2	2	32	32	64
磺胺间甲氧嘧啶钠	8	≥1 024	32	≥1 024	16	256	≥1 024	≥1 024
磺胺甲噁唑/甲氧苄啶	4.8/0.25	≥608/32	19/1	≥608/32	9.5/0.5	304/16	≥608/32	≥608/32

表 9　8 种水产用抗菌药物对不同品种分离的链球菌的 MIC$_{50}$ 和 MIC$_{90}$

单位：μg/mL

供试药物	罗非鱼		黄颡鱼	
	MIC$_{50}$	MIC$_{90}$	MIC$_{50}$	MIC$_{90}$
恩诺沙星	0.125	0.25	0.5	0.5
硫酸新霉素	≤0.125	8	0.5	1
甲砜霉素	8	32	2	2
氟苯尼考	4	8	4	4
盐酸多西环素	≤0.06	4	≤0.06	≤0.06
氟甲喹	2	16	32	64
磺胺间甲氧嘧啶钠	≥1 024	≥1 024	4	4
磺胺甲噁唑/甲氧苄啶	≥608/32	≥608/32	≤1.2/0.06	2.4/0.12

年 MIC$_{90}$ 最高，2020 年下降后开始逐年升高。氟甲喹与盐酸多西环素对气单胞菌的 MIC$_{90}$ 变化无规律，上下波动大。氟甲喹、甲砜霉素、磺胺甲噁唑/甲氧苄啶和磺胺间甲氧嘧啶钠等 4 种抗菌药物对链球菌的 MIC$_{90}$ 呈现先下降后上升的趋势，且 2022 年值远大于 2019 年。氟苯尼考对链球菌的 MIC$_{90}$ 逐年升高；相比 2021 年，硫酸新霉素对链球菌的 MIC$_{90}$ 呈下降趋势，恩诺沙星与盐酸多西环素对链球菌的 MIC$_{90}$ 基本趋于不变。

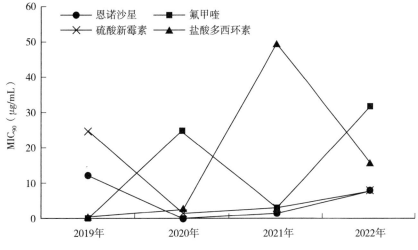

图 1　4 种水产用抗菌药物对气单胞菌的 MIC$_{90}$ 年度变化

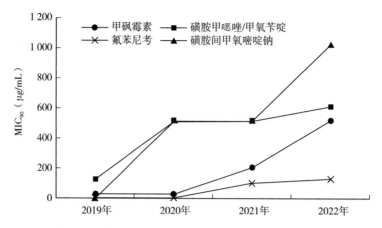

图2 4种水产用抗菌药物对气单胞菌的 MIC_{90} 年度变化

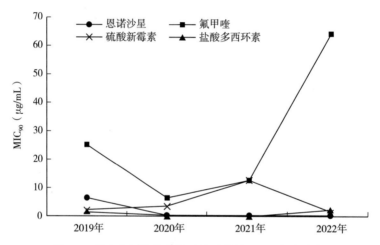

图3 4种水产用抗菌药物对链球菌的 MIC_{90} 年度变化

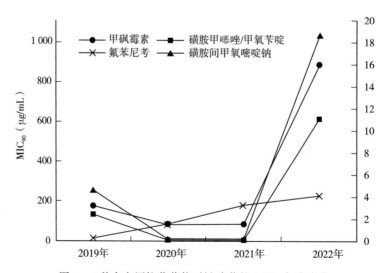

图4 4种水产用抗菌药物对链球菌的 MIC_{90} 年度变化

三、分析与建议

参照 NCCLS 标准和 CLSI 标准,确定气单胞菌和链球菌对 8 种抗菌药物的敏感性范围,将所有抗菌药物对各表中菌株的 MIC 测定结果进行判定,得出了所有菌株对各抗菌药物的耐药性结果,如图 5、图 6 所示。

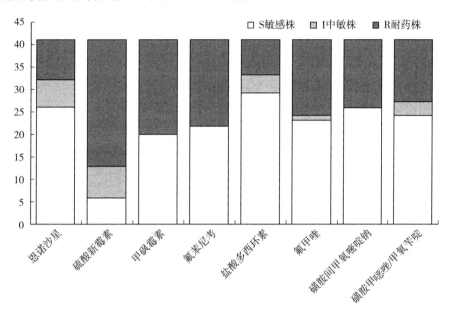

图 5　41 株气单胞菌对 8 种水产用抗菌药物的耐药性测定结果

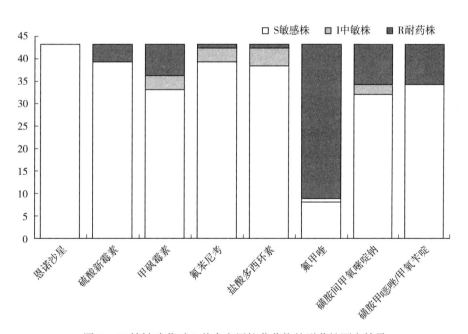

图 6　43 株链球菌对 8 种水产用抗菌药物的耐药性测定结果

　　从目前的结果看，2022 年从广东省 3 个地市分离的 41 株气单胞菌对 8 种抗菌药物的耐药性，除了对恩诺沙星与盐酸多西环素敏感外，对其余 6 种抗菌药物不太敏感；建议养殖户可以选择恩诺沙星、盐酸多西环素这 2 种抗菌药物进行气单胞菌引起的细菌性疾病的治疗。43 株链球菌除了对氟甲喹耐药外，对其余 7 种抗菌药物均敏感；建议养殖户可以选择这 7 种药物（结合使用）来治疗链球菌病。

　　除此之外，抗菌药物的使用还需结合相应的养殖品种及当地养殖情况具体分析。中山、佛山两地的病原菌对抗菌药物的耐药性表现出了相似性，广州与湛江两地分离出来的病原菌，和佛山、中山两地分离出来的病原菌对抗菌药物的耐药性差别较大，这与当地的养殖方式、养殖状况等有关。广州的鳖源气单胞菌对 8 种抗菌药物均为耐药，远远高于草鱼、黄颡鱼等品种。治疗草鱼源气单胞菌可选用恩诺沙星、氟甲喹、氟苯尼考、硫酸新霉素和盐酸多西环素，治疗黄颡鱼源气单胞菌可选用恩诺沙星，治疗长吻鮠源气单胞菌可选用氟甲喹。中山、佛山等地的黄颡鱼链球菌，除了氟甲喹外，对其余 7 种水产用抗菌药物十分敏感，可选用这 7 种药物治疗黄颡鱼链球菌感染。由于近年来滥用磺胺类药物治疗罗非鱼链球菌感染，导致湛江、中山等地罗非鱼源链球菌对磺胺间甲氧嘧啶钠和磺胺甲噁唑/甲氧苄啶耐药。当要治疗这些地方感染链球菌的罗非鱼时，可选用恩诺沙星和氟苯尼考。

　　大量抗菌药物的使用、滥用等，会导致耐药菌株的出现及增多。如 2022 年氟甲喹、磺胺间甲氧嘧啶钠、磺胺甲噁唑/甲氧苄啶和甲砜霉素对链球菌的 MIC_{90} 几乎是 2019 年的 5 倍以上。今后在使用抗菌药物的时候，应该注意用量，且多种抗菌药物要交替使用。

2022 年广西壮族自治区水产养殖动物主要病原菌耐药性监测分析报告

韩书煜[1]　胡大胜[1]　梁静真[2]　易　弋[3]　施金谷[1]　乃华革[1]
（1. 广西壮族自治区水产技术推广站　2. 广西大学　3. 广西科技大学）

为了解掌握水产养殖动物主要病原菌对水产用抗菌药物的耐药性情况及变化规律，指导科学使用水产用抗菌药物，提高细菌性疾病防控成效，推动水产养殖业绿色高质量发展，广西地区重点从罗非鱼养殖品种中分离得到无乳链球菌，并测定其对 8 种水产用抗菌药物的敏感性，具体结果如下。

一、材料与方法

1. 样品采集

2022 年 6—10 月，在罗非鱼发病时及时采集样品。样品采集方式为取不少于 3 尾、具有典型症状的鱼和原池水装入高压聚乙烯袋，加冰块立即运至实验室。

2. 病原菌分离筛选

选取有典型病症的罗非鱼个体进行解剖，在无菌条件下取肝、脑、肾等病灶部位划线接种于添加 5.0% 羊血的 BHI 培养基上，分离致病菌。30℃ 培养 16～18h，取优势菌落进行细菌分离、纯化。

3. 病原菌鉴定及保存

采用梅里埃生化鉴定仪以及分子生物学（PCR）方法对已纯化的菌株进行细菌属种鉴定。菌株培养在脑心浸液肉汤培养基置于 30℃ 增殖 18h 后，分装于 2mL 冻存管中，加灭菌甘油使其含量达 30%，然后将冻存管置于 −80℃ 超低温冰箱保存。

二、药敏测试结果

1. 病原菌分离鉴定总体情况

本项目受试菌株采集情况详见表 1。30 株受试菌来自 17 家养殖场的 53 尾罗非鱼。

表 1　广西罗非鱼耐药普查无乳链球菌采集情况

采样时间	养殖场（家）	罗非鱼（尾）	无乳链球菌（株）
20220714	1	5	2
20220722	1	3	1

（续）

采样时间	养殖场（家）	罗非鱼（尾）	无乳链球菌（株）
20220725	1	3	1
20220802	1	3	2
20220803	1	3	2
20220818	1	3	2
20220819	1	3	2
20220823	1	3	2
20220824	1	3	2
20220914	2	6	5
20220919	1	3	2
20220920	1	3	3
20221029	4	12	4

从广西玉州区、北海市、合浦县、柳北区、柳江区、宜州区等地养殖场饲养的罗非鱼体中共分离并鉴定到30株无乳链球菌。受试菌的菌株编号、采样时间、采用地点等来源信息见表2。

表2　30株无乳链球菌菌株来源

菌株编号	采样时间	采样地点	分离部位
GYL20220714TL	20220714	玉州区	肝
GYLQ20220714TL	20220714	玉州区	肝
GYH20220722TL	20220722	玉州区	肝
GYN20220725TL	20220725	玉州区	肝
GHWA20220802TL	20220802	合浦县	肝
GHWB20220802TS	20220802	合浦县	肾
GHZA20220803TL	20220803	合浦县	肝
GHZB20220803TS	20220803	合浦县	肾
GHWA20220818TL	20220818	合浦县	肝
GHWB20220818TS	20220818	合浦县	肾
GHXA20220819TL	20220819	合浦县	肝
GHXB20220819TS	20220819	合浦县	肾
GHWA20220823TL	20220823	合浦县	肝
GHWB20220823TS	20220823	合浦县	肾
GHLA20220824TL	20220824	合浦县	肝
GHLB20220824TS	20220824	合浦县	肾
GHGA20220914TL	20220914	合浦县	肝

（续）

菌株编号	采样时间	采样地点	分离部位
GHGB20220914TS	20220914	合浦县	肾
GHCA20220914TL	20220914	合浦县	肝
GHCB20220914TS	20220914	合浦县	肾
GHCC20220914TS	20220914	合浦县	肾
GHHA20220919TL	20220919	合浦县	肝
GHHB20220919TL	20220919	合浦县	肝
GHZA20220920TL	20220920	合浦县	肝
GHZB20220920TS	20220920	合浦县	肾
GHZC20220920TS	20220920	合浦县	肾
GLC20221029TL	20221029	柳北区	肝
GYH20221029TL	20221029	宜州区	肝
GBL20221029TL	20221029	北海市	肝
GLW20221029TL	20221029	柳江区	肝

2. 病原菌对不同抗菌药物的耐药性分析

8 种水产用抗菌药物对 30 株无乳链球菌的 MIC 详见表 3。

表 3　8 种水产用抗菌药物对 30 株无乳链球菌的 MIC

单位：μg/mL

菌株原始编号	恩诺沙星	硫酸新霉素	甲砜霉素	氟苯尼考	盐酸多西环素	氟甲喹	磺胺间甲氧嘧啶钠	磺胺甲噁唑/甲氧苄啶
GYL20220714TL	1	4	2	4	≤0.06	32	8	4.8/0.25
GYLQ20220714TL	1	32	2	4	≤0.06	64	16	4.8/0.25
GYH20220722TL	1	4	2	4	≤0.06	32	8	4.8/0.25
GYN20220725TL	1	8	2	8	≤0.06	32	32	19/1
GHWA20220802TL	1	8	2	4	≤0.06	32	32	4.8/0.25
GHWB20220802TS	1	8	2	4	≤0.06	32	32	4.8/0.25
GHZA20220803TL	1	4	2	4	≤0.06	32	16	9.5/0.5
GHZB20220803TS	1	16	2	4	≤0.06	32	32	19/1
GHWA20220818TL	0.5	8	2	2	≤0.06	32	16	9.5/0.5
GHWB20220818TS	1	32	2	4	≤0.06	32	16	76/4
GHXA20220819TL	1	8	2	4	≤0.06	32	32	4.8/0.25
GHXB20220819TS	0.5	8	2	4	≤0.06	32	16	19/1
GHWA20220823TL	1	8	2	4	≤0.06	32	64	38/2
GHWB20220823TS	1	16	4	4	≤0.06	32	>1 024	≥608/32
GHLA20220824TL	1	8	2	8	≤0.06	32	16	38/2

（续）

菌株原始编号	恩诺沙星	硫酸新霉素	甲砜霉素	氟苯尼考	盐酸多西环素	氟甲喹	磺胺间甲氧嘧啶钠	磺胺甲噁唑/甲氧苄啶
GHLB20220824TS	1	8	2	8	≤0.06	32	32	19/1
GHGA20220914TL	1	8	1	4	≤0.06	32	8	19/1
GHGB20220914TS	1	8	1	4	≤0.06	32	8	19/1
GHCA20220914TL	1	16	1	2	≤0.06	32	8	4.8/0.25
GHCB20220914TS	0.5	8	1	4	≤0.06	32	8	4.8/0.25
GHCC20220914TS	0.5	8	1	4	≤0.06	32	8	4.8/0.25
GHHA20220919TL	1	8	2	8	≤0.06	32	32	19/1
GHHB20220919TL	1	32	2	4	≤0.06	32	16	76/4
GHZA20220920TL	0.5	16	1	2	≤0.06	32	8	4.8/0.25
GHZB20220920TS	0.5	16	1	2	≤0.06	32	8	4.8/0.25
GHZC20220920TS	0.5	16	1	2	≤0.06	32	8	4.8/0.25
GLC20221029TL	0.5	4	0.5	4	≤0.06	32	8	4.8/0.25
GYH20221029TL	0.5	4	1	4	≤0.06	32	16	19/1
GBL20221029TL	0.5	4	0.5	4	≤0.06	32	16	9.5/0.5
GLW20221029TL	0.125	4	1	4	≤0.06	64	16	9.5/0.5

参照美国临床实验室标准研究所（CLSI）标准，链球菌对水产用抗菌药物的敏感性及耐药性判定范围划分如下：盐酸多西环素（S敏感：MIC≤1μg/mL，R耐药：MIC≥2μg/mL），磺胺甲噁唑/甲氧苄啶（S敏感：MIC≤19/1μg/mL，R耐药：MIC≥38/2μg/mL）。其他药物暂无判定参考值。

表4、表5结果显示，盐酸多西环素对30株无乳链球菌的MIC均小于1μg/mL，为敏感。磺胺甲噁唑/甲氧苄啶对25株无乳链球菌的MIC≤19/1μg/mL，为敏感；对另外5株无乳链球菌的MIC≥38/2μg/mL，为耐药。

2022年广西养殖罗非鱼分离的30株无乳链球菌对盐酸多西环素和磺胺甲噁唑/甲氧苄啶表现了不同程度的敏感性和耐药性，其检测结果详见图1。30株无乳链球菌对盐酸多西环素的敏感率为100.0%，保持了较高的敏感性，盐酸多西环素为治疗广西罗非鱼无乳链球菌病的首选药物；其次是磺胺甲噁唑/甲氧苄啶，30株无乳链球菌对磺胺甲噁唑/甲氧苄啶敏感率为83.3%，耐药率为16.7%。

3. 耐药性变化情况

2021—2022年，8种水产用抗菌药物对无乳链球菌的MIC_{50}和MIC_{90}变化如图2和图3所示。2022年，恩诺沙星对无乳链球菌的MIC_{50}和MIC_{90}大幅度下降，氟甲喹对无乳链球菌的MIC_{50}和MIC_{90}显著上升，氟苯尼考对无乳链球菌的MIC_{50}和MIC_{90}小幅上升；甲砜霉素对无乳链球菌的MIC_{90}较2021年大幅下降；硫酸新霉素对无乳

表 4　7 种水产用抗菌药物对无乳链球菌的 MIC 频数分布 (n＝30)

供试药物	MIC₅₀ (μg/mL)	MIC₉₀ (μg/mL)	不同药物浓度（μg/mL）下的菌株数（株）														
			≥1 024	512	256	128	64	32	16	8	4	2	1	0.5	0.25	0.125	≤0.06
恩诺沙星	0.52	0.94											19	10		1	
硫酸新霉素	6.44	13.56						3	6	14	7						
甲砜霉素	1.03	1.80								1	1	17	10	2			
氟苯尼考	2.75	4.96								4	21	5					
盐酸多西环素	≤0.06	≤0.06															30
氟甲喹	23.68	42.44					2	28									
磺胺间甲氧嘧啶钠	13.32	51.60	1				1	7	10	11							

表 5　磺胺甲噁唑/甲氧苄啶对无乳链球菌的 MIC 频数分布 (n＝30)

供试药物	MIC₅₀ (μg/mL)	MIC₉₀ (μg/mL)	不同药物浓度（μg/mL）下的菌株数（株）									
			≥608/32	304/16	152/8	76/4	38/2	19/1	9.5/0.5	4.8/0.25	2.4/0.12	≤1.2/0.06
磺胺甲噁唑/甲氧苄啶	8.48/0.45	43.32/2.28	1			2	2	8	4	13		

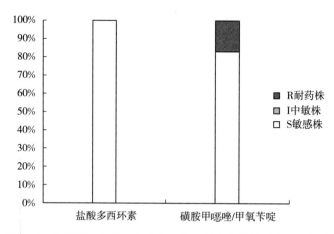

图 1　30 株无乳链球菌对 2 种水产用抗菌药物的敏感率和耐药率

链球菌的 MIC_{50} 和 MIC_{90} 比 2021 年小幅上升；磺胺间甲氧嘧啶钠和磺胺甲噁唑/甲氧苄啶对无乳链球菌的 MIC_{50} 和 MIC_{90} 较 2021 年大幅上升。

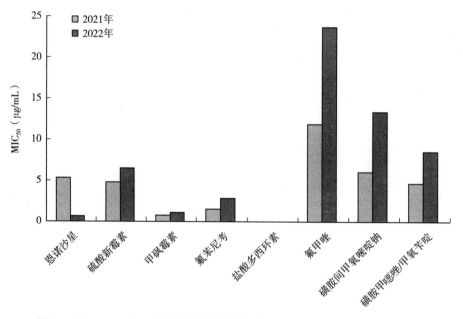

图 2　2021—2022 年 8 种水产用抗菌药物对广西罗非鱼无乳链球菌的 MIC_{50}

三、分析与建议

1. 2022 年广西无乳链球菌对 8 种水产用抗菌药物的敏感性

2022 年，30 株广西无乳链球菌对 5 大类（喹诺酮类、四环素类、酰胺醇类、氨基糖苷类和磺胺类）8 种水产用抗菌药物具有不同程度的敏感性。

（1）喹诺酮类水产用抗菌药物

本项目 2 种喹诺酮类水产用抗菌药物恩诺沙星和氟甲喹均为国标水产用抗菌药

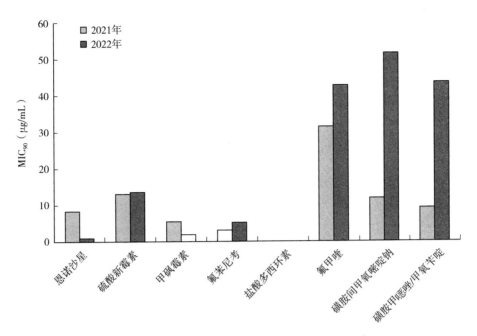

图 3 2021—2022 年 8 种水产用抗菌药物对广西罗非鱼无乳链球菌的 MIC_{90}

物。2022 年，氟甲喹对无乳链球菌的 MIC_{50} 和 MIC_{90}（分别为 23.68$\mu g/mL$ 和 42.44$\mu g/mL$）均大于 2021 年的，说明 2022 年广西无乳链球菌对氟甲喹的耐药程度上升，具体原因尚需进一步的调查。2022 年，恩诺沙星对无乳链球菌的 MIC_{50} 和 MIC_{90}（分别为 0.52$\mu g/mL$ 和 0.94$\mu g/mL$）比 2021 年的大幅降低，说明 2022 年广西地区无乳链球菌对恩诺沙星敏感性提高。

（2）四环素类水产用抗菌药物

2022 年，30 株广西无乳链球菌对盐酸多西环素敏感率为 100.0%，与 2021 年的结果相同。对于广西罗非鱼无乳链球菌病，建议可在执业兽医的指导下选择盐酸多西环素进行治疗。

（3）酰胺醇类水产用抗菌药物

氟苯尼考和甲砜霉素为酰胺醇类国标水产用抗菌药物。2022 年，氟苯尼考对无乳链球菌的 MIC_{50} 和 MIC_{90}（分别为 2.75$\mu g/mL$ 和 4.96$\mu g/mL$）均大于 2021 年，说明 2022 年广西无乳链球菌对氟苯尼考耐药程度上升。甲砜霉素对无乳链球菌的 MIC_{50}（1.03$\mu g/mL$）大于 2021 年的，但 MIC_{90}（1.80$\mu g/mL$）小于 2021 年的，说明 2022 年甲砜霉素对大部分无乳链球菌的 MIC 小于 2021 年。

（4）氨基糖苷类水产用抗菌药物

硫酸新霉素是氨基糖苷类国标水产用抗菌药物。2022 年，硫酸新霉素对无乳链球菌的 MIC_{50} 和 MIC_{90}（分别为 6.44$\mu g/mL$ 和 13.56$\mu g/mL$）均比 2021 年的略微升高，说明 2022 年广西无乳链球菌对硫酸新霉素耐药程度小幅上升。

（5）磺胺类水产用抗菌药物

2022 年，磺胺间甲氧嘧啶钠对无乳链球菌的 MIC_{50} 和 MIC_{90}（分别为 13.32μg/mL 和 51.60μg/mL）均大于 2021 年的，磺胺甲噁唑/甲氧苄啶对无乳链球菌的 MIC_{50} 和 MIC_{90}（分别为 8.48/0.45μg/mL 和 43.32/2.28μg/mL）均大于 2021 年的，说明 2022 年广西无乳链球菌对磺胺间甲氧嘧啶钠和磺胺甲噁唑/甲氧苄啶耐药程度均上升。

2. 关于广西养殖罗非鱼链球菌病防控用药建议

精准用药是提高水产养殖细菌病防控效果的唯一途径。充分利用鱼病诊疗服务采集到的病原微生物，广泛开展水产养殖致病菌的耐药性普查，筛选敏感国标水产用抗菌药物，坚持通过药敏试验来指导罗非鱼的临床用药，可切实提高养殖罗非鱼链球菌病的防控效果。建议养殖户在对罗非鱼链球菌病进行用药防治时注意：

（1）水产用抗菌药物的选用应以药敏试验结果为依据

从患病鱼分离致病菌并筛选敏感水产用抗菌药物进行治疗。根据本项目监测结果，无乳链球菌对盐酸多西环素敏感率为 100.0%，盐酸多西环素为治疗广西罗非鱼无乳链球菌病的首选水产用抗菌药物。其次是磺胺甲噁唑/甲氧苄啶，无乳链球菌对其的敏感率超过 80.0%，建议养殖户在罗非鱼无乳链球菌病治疗时应依据药敏试验结果决定是否使用磺胺甲噁唑/甲氧苄啶。

（2）不使用水产用抗菌药物作预防疾病用途

已有研究表明，当细菌长期与低浓度抗菌药物接触时容易被诱导产生耐药性。建议在罗非鱼养殖生产过程中不将水产用抗菌药物作为预防用药，发生病情时应基于药敏试验结果选择敏感的水产用抗菌药物治疗，避免使用低浓度水产用抗菌药物或长期使用同种水产用抗菌药物，以免诱导细菌产生耐药性。

（3）提前进行药敏检测可起到监测和控制作用

罗非鱼暴发链球菌病的病程发展速度比较快，建议长期跟踪监测无乳链球菌对各种抗菌药物的敏感性变化，掌握其变化规律；尤其是在罗非鱼无乳链球菌病流行季节（如每年 1—4 月）之前提前进行药敏检测，以便在罗非鱼暴发链球菌病时能及时对症用药，避免耽误最佳治疗时机。

2022年重庆市水产养殖动物主要病原菌耐药性监测分析报告

张利平　廖雨华　马龙强　王　波

（重庆市水产技术推广总站）

为了解掌握水产养殖动物主要病原菌对水产用抗菌药物的耐药性情况及变化规律，指导科学使用水产用抗菌药物，提高细菌性疾病防控成效，推动水产养殖业绿色高质量发展，2022年重庆市从鲫和大口黑鲈两个主要养殖品种中分离得到维氏气单胞菌、爱德华氏菌等病原菌，并测定其对8种水产用抗菌药物的敏感性，具体结果如下。

一、材料与方法

1. 样品采集

（1）鲫

在重庆市永川区和合川区设立4个监测点，分别是永川区体均淡水鱼养殖场和永川赖平淡水鱼养殖场、合川区长治渔业发展有限公司和新瑞水产养殖专业合作社。2022年4—10月每月从4个监测点各采样一次，采样鱼种为鲫，每次采样30尾。

（2）大口黑鲈

试验样本采样点分别是重庆容钦生态农业有限公司、重庆市铜梁区福兴水产养殖有限公司、重庆晨然发展农业有限公司等。2022年8—10月，采集具有典型病症的病鱼试验样本，无病症时采集正常样本进行例行检验。每个采样点采集样本7尾。

2. 病原菌的分离

在洁净台面上将鱼体表用75％酒精进行消毒，解剖后，迅速用接种环取肝、脾、肾、鳃等组织，划线接种于BHI固体培养基，28℃培育24h，挑取单菌落接种至BHI液体培养基中扩大培养，在28℃培养16～24h，之后进行下一步鉴定。

3. 病原菌鉴定及保存

对挑取的菌株进行分子生物学方法进行鉴定。吸取适量菌液，用DNA提取试剂盒提取DNA或者煮沸法和冻融法裂解细菌，然后用PCR试剂盒对16S rRNA进行扩增，将电泳结果合格的扩增产物送往测序公司进行测序，之后将测序结果在NCBI网站进行序列比对分析，确定菌株种属信息。用磁珠菌种保藏管冷冻保存菌种，对筛选出的目的菌株进行药敏试验。供试药物为恩诺沙星、硫酸新霉素、甲砜霉素、氟苯尼考、盐酸多西环素、氟甲喹、磺胺间甲氧嘧啶钠、磺胺甲噁唑/甲氧苄啶共8种药物。

二、药敏测试结果

1. 病原菌分离鉴定总体情况

全年共分离出病原菌 56 株，其中气单胞菌 30 株、爱德华氏菌 7 株、类志贺邻单胞菌 11 株和其他菌株 8 株。测定方法按照药敏分析试剂板的使用说明书进行。用大肠杆菌（ATCC25922）做质控菌株进行质控。

2. 病原菌耐药性分析

（1）抗菌药物对所有病原菌的 MIC_{50} 和 MIC_{90} 统计分析

恩诺沙星、硫酸新霉素对测定病原菌的 MIC_{50} 和 MIC_{90} 分别小于 $1\mu g/mL$ 和 $3\mu g/mL$。甲砜霉素、氟苯尼考、磺胺间甲氧嘧啶钠对病原菌的 MIC_{90} 较高，具体结果见表 1、表 2。

（2）抗菌药物对不同来源病原菌的 MIC_{50} 和 MIC_{90} 统计结果分析

恩诺沙星、硫酸新霉素、氟甲喹、盐酸多西环素对鲫源病原菌的 MIC_{90} 均在 $0.2\sim8.0\mu g/mL$。氟苯尼考、磺胺间甲氧嘧啶钠、磺胺甲噁唑/甲氧苄啶对病原菌的 MIC_{90} 在 $19\sim36\mu g/mL$。甲砜霉素对病原菌的 MIC_{90} 为 $190.469\mu g/mL$，说明鲫源病原菌对甲砜霉素产生一定的耐药性。具体数据见表 3、表 4。

大口黑鲈源病原菌对恩诺沙星、硫酸新霉素、盐酸多西环素、氟甲喹的耐受浓度较低（$MIC_{50}<1\mu g/mL$）。甲砜霉素、磺胺间甲氧嘧啶钠、磺胺甲噁唑/甲氧苄啶对病原菌的 MIC_{90} 均大于 $512\mu g/mL$。具体数据见表 5、表 6。

从表 3 至表 6 可以看出重庆市大口黑鲈源病原菌的耐药性强于鲫源病原菌的，可能是因为大口黑鲈在养殖过程中更易患细菌性疾病，抗生素的使用频率更高。

（3）抗菌药物对不同病原菌的 MIC_{50} 和 MIC_{90} 统计结果分析

①气单胞菌对抗菌药物的敏感性

气单胞菌对恩诺沙星、硫酸新霉素、氟甲喹、盐酸多西环素耐受浓度较低（$MIC_{50}\leqslant1\mu g/mL$）。甲砜霉素对气单胞菌的 $MIC_{90}\geqslant512\mu g/mL$，超过检测上限。详细数据见表 7、表 8。

②爱德华氏菌对抗菌药物的敏感性

恩诺沙星、硫酸新霉素对爱德华氏菌的 MIC 主要集中在 $0.015\sim2\mu g/mL$；甲砜霉素、磺胺间甲氧嘧啶钠、磺胺甲噁唑/甲氧苄啶对爱德华氏菌多个菌株的 MIC_{90} 超过检测上限制。具体结果见表 9。

③类志贺邻单胞菌对抗菌药物的敏感性

恩诺沙星、硫酸新霉素、盐酸多西环素对类志贺邻单胞菌的 MIC 主要集中在 $0.008\sim2\mu g/mL$，对类志贺邻单胞菌具有较强的抑制作用。甲砜霉素、磺胺间甲氧嘧啶钠、磺胺甲噁唑/甲氧苄啶类志贺邻单胞菌的 MIC_{90} 超过检测上限。详细数据见表 10、表 11。

表 1 7 种水产用抗菌药物对病原菌的 MIC 频数分布 （n=56）

供试药物	MIC₅₀ (μg/mL)	MIC₉₀ (μg/mL)	不同药物浓度（μg/mL）下的菌株数（株）																	
			≥1 024	512	256	128	64	32	16	8	4	2	1	0.5	0.25	0.125	0.06	0.03	0.015	≤0.008
恩诺沙星	0.137	2.323							2	3	1	2	8	6	10	5	5	5	2	7
硫酸新霉素	0.919	2.886				1				2	7	11	27	3	4	1				
氟甲喹	0.574	16.255					3	1	10	4	3	2	5	4	6	18				
甲砜霉素	6.541	≥512		10	3	2	3		5	3	6	8	3	5	7					
氟苯尼考	2.708	60.503				6	3	6	3	3	6	5	14	5	5					
盐酸多西环素	0.376	6.94						3	3	3	6	6	3	11	1	6	14			
磺胺间甲氧嘧啶钠	6.592	284.815		2	2	1	2	6	4	14		14								

表 2 磺胺甲噁唑/甲氧苄啶对病原菌的 MIC 频数分布 （n=56）

供试药物	MIC₅₀ (μg/mL)	MIC₉₀ (μg/mL)	不同药物浓度（μg/mL）下的菌株数（株）									
			≥608/32	304/16	152/8	76/4	38/2	19/1	9.5/0.5	4.8/0.25	2.4/0.12	≤1.2/0.06
磺胺甲噁唑/甲氧苄啶	1.853/0.095	216.122/11.378	7			1	3	3	4	10	12	16

表 3　7 种水产用抗菌药物对鲴源病原菌的 MIC 频数分布 (n=20)

供试药物	MIC$_{50}$ (μg/mL)	MIC$_{90}$ (μg/mL)	不同药物浓度 (μg/mL) 下的菌株数 (株)																	
			≥1 024	512	256	128	64	32	16	8	4	2	1	0.5	0.25	0.125	0.06	0.03	0.015	≤0.008
恩诺沙星	0.092	0.891							1					2	7	3	2	3		2
硫酸新霉素	1.151	3.618								2	5	2	8	2	1					
氟甲喹	0.326	6.926					1		2		1	1	4		6	5				
甲砜霉素	3.591	190.469		1	2	2		1	2		2	4	2		4					
氟苯尼考	2.473	25.519			2			3	1	2	3	2	3	2	2					
盐酸多西环素	0.454	6.233							1	2	2	3	2	1	4		5			
磺胺间甲氧嘧啶钠	3.788	35.336 6			1	1		1	1	7	3	6								

表 4　磺胺甲噁唑/甲氧苄啶对鲴源病原菌的 MIC 频数分布 (n=20)

供试药物	MIC$_{50}$ (μg/mL)	MIC$_{90}$ (μg/mL)	不同药物浓度 (μg/mL) 下的菌株数 (株)									
			≥608/32	304/16	152/8	76/4	38/2	19/1	9.5/0.5	4.8/0.25	2.4/0.12	≤1.2/0.06
磺胺甲噁唑/甲氧苄啶	1.8/0.091	19.607/1.028	8	4	1	1	3	1		3		8

表 5 7 种水产用抗菌药物对大口黑鲈源病原菌的 MIC 频数分布 (n=36)

供试药物	MIC50 (μg/mL)	MIC90 (μg/mL)	不同药物浓度 (μg/mL) 下的菌株数 (株)																	
			≥1024	512	256	128	64	32	16	8	4	2	1	0.5	0.25	0.125	0.06	0.03	0.015	≤0.008
恩诺沙星	0.147	3.731							1	3	1	2	7	4	3	2	3	2	2	6
硫酸新霉素	0.958	4.169				1					2	9	20	1	3					
氟甲喹	0.798	23.994					2	1	8	4	2	1	1	4		13				
甲砜霉素	9.836	≥512		9	1	1	2	3	3	3	4	4	1	5						
氟苯尼考	2.814	93.298		2		3	3	3	1	1	3	3	11	3	3					
盐酸多西环素	0.463	9.665					2	3	3	1	4	3	2	8	1		9			
磺胺间甲氧嘧啶钠	11.242	685.152	5	2	1	3	2	5	3	7	3	4		1						

表 6 磺胺甲噁唑/甲氧苄啶对大口黑鲈源病原菌的 MIC 频数分布 (n=36)

供试药物	MIC50 (μg/mL)	MIC90 (μg/mL)	不同药物浓度 (μg/mL) 下的菌株数 (株)									
			≥608/32	304/16	152/8	76/4	38/2	19/1	9.5/0.5	4.8/0.25	2.4/0.12	≤1.2/0.06
磺胺甲噁唑/甲氧苄啶	2.638/0.136	734.73/38.739	7					3	3	7	8	8

表 7 7 种水产用抗菌药物对气单胞菌的 MIC 频数分布 （n=30）

供试药物	MIC$_{50}$ (μg/mL)	MIC$_{90}$ (μg/mL)	不同药物浓度（μg/mL）下的菌株数（株）																
			≥1 024	512	256	128	64	32	16	8	4	2	1	0.5	0.25	0.125	0.06	0.03	0.015	≤0.008
恩诺沙星	0.1	1.352							1	1			2	5	9	1	2	4	1	4
硫酸新霉素	0.818	2.631								1	4	7	12	2	3	1				
氟甲喹	0.429	9.714					1		4	2	3	1	3	2	4	10				
甲砜霉素	4.997	≥512		5	2	1	1		1	2	4	5	3	3	3					
氟苯尼考	2.823	29.483				3	1	2	3		6	4	8	2	1					
盐酸多西环素	0.261	3.644							1	2	4	2	2	6		5	8			
磺胺间甲氧嘧啶钠	6.263	76.061	1		1		2	4	2	10	5	5								

表 8 磺胺甲噁唑/甲氧苄啶对气单胞菌的 MIC 频数分布 （n=30）

供试药物	MIC$_{50}$ (μg/mL)	MIC$_{90}$ (μg/mL)	不同药物浓度（μg/mL）下的菌株数（株）									
			≥608/32	304/16	152/8	76/4	38/2	19/1	9.5/0.5	4.8/0.25	2.4/0.12	≤1.2/0.06
磺胺甲噁唑/甲氧苄啶	2.034/0.104	38.945/2.038	1		1	1	3	1	2	8	4	10

表 9　重庆地区不同抗菌药物对爱德华氏菌的 MIC（n=7）

单位：μg/mL

细菌编号	菌种鉴定	恩诺沙星	硫酸新霉素	氟甲喹	甲砜霉素	氟苯尼考	盐酸多西环素	磺胺间甲氧嘧啶钠	磺胺甲噁唑/甲氧苄啶
LD 2022001g	迟钝爱德华氏菌	2	1	1	8	1	0.5	512	19/1
LD 2022004p-1	迟钝爱德华氏菌	1	1	16	16	1	0.25	8	19/1
LD 2022005s-1	迟钝爱德华氏菌	16	1	64	>512	64	32	512	608/32
LD 2022005p-2	迟钝爱德华氏菌	1	1	16	>512	>512	16	>1024	608/32
LD 2022014s-1	迟钝爱德华氏菌	0.03	1	0.125	4	1	0.5	4	2.4/0.12
LD 2022014p-2	保科爱德华氏菌	0.015	1	0.125	16	1	16	2	2.4/0.12
LD 2022016sai-2	迟钝爱德华氏菌	0.06	1	0.125	16	8	0.5	2	1.2/0.06

表 10　7 种水产用抗菌药物对类志贺邻单胞菌的 MIC 频数分布（n=11）

供试药物	MIC$_{50}$（μg/mL）	MIC$_{90}$（μg/mL）	不同药物浓度（μg/mL）下的菌株数（株）																	
			≤0.008	0.015	0.03	0.06	0.125	0.25	0.5	1	2	4	8	16	32	64	128	256	512	≥1024
恩诺沙星	0.15	4.652	3				1	1	1	3		1								
硫酸新霉素	1.723	12.084								4	3	2					1			
氟甲喹	1.754	39.308							1	1	1	2	1	2	1	1	1			
甲砜霉素	1.465	≥512					3		1	1		1	2					1	2	
氟苯尼考	1.033	60.574						4	1	1		1		1		1				
盐酸多西环素	0.201	5.295				4	1		2	1		1								
磺胺间甲氧嘧啶钠	12.518	≥1024									4		1		2	1	1	1	1	2

表 11 磺胺甲噁唑/甲氧苄啶对类志贺邻单胞菌的 MIC 频数分布 (n=11)

供试药物	MIC$_{50}$ (μg/mL)	MIC$_{90}$ (μg/mL)	不同药物浓度 (μg/mL) 下的菌株数 (株)									
			≥608/32	304/16	152/8	76/4	38/2	19/1	9.5/0.5	4.8/0.25	2.4/0.12	≤1.2/0.06
磺胺甲噁唑/甲氧苄啶	1.225/0.062	≥608/32	3						1		3	4

表 12 不同抗菌药物对其他菌的 MIC (n=8)

单位：μg/mL

细菌编号	菌种鉴定	恩诺沙星	硫酸新霉素	氟甲喹	甲砜霉素	氟苯尼考	盐酸多西环素	磺胺间甲氧嘧啶钠	磺胺甲噁唑/甲氧苄啶
YPW 22004s	摩氏摩根菌	0.125	4	16	8	2	0.25	2	4.8/0.25
YPW 22004s	摩氏摩根菌	0.125	8	32	8	2	0.25	8	2.4/0.12
LY 2022P-1	摩氏摩根菌	0.06	1	0.5	0.5	0.06	0.125	2	2.4/0.12
LD 2022HP	克雷伯氏肺炎菌	8	1	2	1	8	16	8	4.8/0.25
LD 2022006S	克雷伯氏肺炎菌	0.06	1	64	32	4	0.5	16	9.5/0.5
LD 2022006S	克雷伯氏肺炎菌	0.125	1	64	32	2	0.5	16	2.4/0.12
LD 2022006S	克雷伯氏肺炎菌	1	0.25	2	0.5	0.06	0.125	2	1.2/0.06
LD 2022006S	克雷伯氏肺炎菌	2	2	>256	>512	32	16	>1 024	608/32

④其他菌对不同抗菌药物的敏感性

恩诺沙星、硫酸新霉素、氟苯尼考、盐酸多西环素对表 12 中的 8 种菌株总体上都具有较好的抑制效果，而这些菌的多数对氟甲喹、甲砜霉素、磺胺间甲氧嘧啶钠、磺胺甲噁唑/甲氧苄啶产生了一定的耐药性。详细数据见表 12。

3. 耐药性变化情况

重庆市从 2018 年开始开展耐药性普查工作，统计了 5 年来的耐药性普查结果，现对 2018—2022 年水产用抗菌药物对气单胞菌的 MIC_{90} 做对比分析。考虑 2019 年之后的药敏板发生改变，故 2018 年的结果只对恩诺沙星、硫酸新霉素、甲砜霉素、氟苯尼考 4 种药物的数据进行统计。

由表 13、图 1 分析可知，2018—2022 年恩诺沙星、硫酸新霉素、盐酸多西环素 3 种药物对气单胞菌的 MIC_{90} 波动变化范围最小，且保持在低浓度水平，故气单胞菌对这 3 种药物较敏感。2020—2022 年，氟甲喹对气单胞菌的 MIC_{90} 有小幅度波动，但都保持在低浓度水平。2018—2021 年甲砜霉素对气单胞菌的 MIC_{90} 呈现出异常的变化，可能是药敏板的改变对甲砜霉素的结果有影响；2021—2022 年甲砜霉素的 MIC_{90} 相近，表明气单胞菌对甲砜霉素具有较强的耐药性。2018—2022 年，氟苯尼考和磺胺间甲氧嘧啶钠对气单胞菌的 MIC_{90} 变化幅度较大，可能是由于养殖户在水产站的技术指导下更换了抗菌药物，气单胞菌对这两种药物的耐药性在 2022 年大幅减弱。与 2021 年相比，2022 年磺胺甲噁唑/甲氧苄啶对气单胞菌的 MIC_{90} 大幅下降。

表 13　历年不同水产用抗菌药物对气单胞菌的 MIC_{90}

供试药物	MIC_{90}（μg/mL）				
	2018 年	2019 年	2020 年	2021 年	2022 年
恩诺沙星	1.176	0.794	0.243	0.931	1.352
硫酸新霉素	1.807	6.464	2.141 5	1.189	2.631
甲砜霉素	308.634	19.149	7.836	512	579.993
氟苯尼考	30.667	6.195	4.522	161.211	29.483
盐酸多西环素	/	7.830	1.215	11.631	3.644
氟甲喹	/	313.785	0.656	7.785	9.714
磺胺间甲氧嘧啶钠	/	58.46	212.867	1 024	76.061
磺胺甲噁唑/甲氧苄啶	/	21.276	164.378	161.589	38.945

三、分析与建议

总体分析，恩诺沙星、硫酸新霉素、盐酸多西环素、氟甲喹对重庆市 2022 年分离病原菌的抑制效果较强，其中以恩诺沙星的表现效果最好且最稳定。

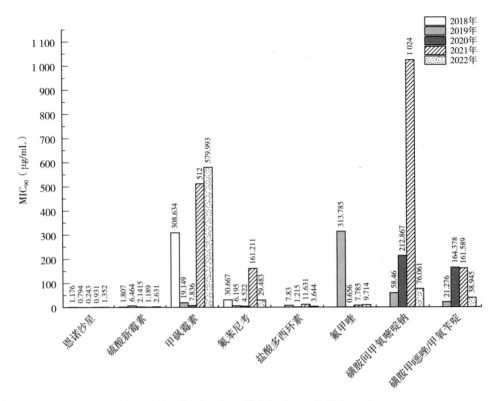

图 1 历年不同水产用抗菌药物对气单胞菌的 MIC_{90}

在防治淡水鱼类细菌性疾病时，应从"防"和"治"两个方面着手，以"防"为主。及时对鱼塘进行清塘消毒、对渔具定期进行消毒处理、对下塘鱼苗要做好消毒处理、管理鱼塘水质等，都是避免淡水鱼类细菌性疾病发生的重要措施。另外，针对已经暴发淡水鱼类细菌性疾病的鱼塘，可以根据药物敏感性试验结果选择合适的药物进行治疗，同时为避免病原菌耐药性的产生，可以交替使用药物，并且控制用药的浓度，避免一次使用较高的浓度。同时为了做到科学、精准用药，需要对耐药性进行长期动态监控，以确定最佳的治疗药物和用量。